U0312865

## "高等院校美术与设计实验教学系列教材"编委会

高等院校美术与设计实验教学 系列教材

主 编◎汪晓曙

# 现代服装工艺设计
# 实验教程

XIANDAI FUZHUANG GONGYI SHEJI
**SHIYAN JIAOCHENG**

陈贤昌 钟彩红 编著

广东省教育厅重点实验室建设经费资助

暨南大学出版社
JINAN UNIVERSITY PRESS

中国·广州

图书在版编目（CIP）数据

现代服装工艺设计实验教程/陈贤昌，钟彩红编著. —广州：暨南大学出版社，2011.12（2018.7 重印）

（高等院校美术与设计实验教学系列教材）

ISBN 978 - 7 - 5668 - 0009 - 1

I. ①现…　Ⅱ. ①陈…②钟…　Ⅲ. ①服装工艺—工艺设计—高等学校—教材
Ⅳ. ①TS941.61

中国版本图书馆 CIP 数据核字（2011）第 208077 号

**现代服装工艺设计实验教程**
XIANDAI FUZHUANG GONGYI SHEJI SHIYAN JIAOCHENG
编著者：陈贤昌　钟彩红

出 版 人：徐义雄
责任编辑：古碧卡　李　洁
责任校对：黄　斯
责任印制：汤慧君　周一丹

出版发行：暨南大学出版社（510630）
电　　话：总编室（8620）85221601
　　　　　营销部（8620）85225284　85228291　85228292（邮购）
传　　真：（8620）85221583（办公室）　85223774（营销部）
网　　址：http://www.jnupress.com
排　　版：广州市友间文化传播有限公司
印　　刷：广州市怡升印刷有限公司
开　　本：787mm×1092mm　1/16
印　　张：10
字　　数：233 千
版　　次：2011 年 12 月第 1 版
印　　次：2018 年 7 月第 3 次
定　　价：48.00 元

（暨大版图书如有印装质量问题，请与出版社总编室联系调换）

# 序

　　十九世纪英国著名风景画家康斯坦布尔曾经说："绘画是一门科学。绘画应该作为对自然规律的一种探索而从事。既然如此，为什么不能把风景画看作自然哲学的一个学科，而图画只是它的实验呢？"事实上，从方法论上来看，绘画以及一切造型艺术的确具有科学的天性——任何能称之为创作的作品都须经由反复实验才能完成。

　　因而，海外先进之国的美术与设计教育历来重视实验教学。我国过去由于经济发展水平的限制和认识上的不足，包括美术教育在内的所有文科教育中，实验教学长期缺位。进入新世纪，情况得到很大改观，教育界上下都深刻认识到实验教学对于培养学生的实践和创新能力至关重要，越来越多的文科院校开始导入实验教学，实验室建设也被提升到空前高度。

　　广州大学美术与设计实验室经过多年努力，2010年获批为广东省美术与设计实验教学重点示范中心。实验室建设要着眼于硬件配置，更要注重内涵建设。为此，从去年下半年以来，我院组织多名有丰富教学经验的教师汇同其他高校的教师编写了"高等院校美术与设计实验教学系列教材"，经过教师们将近一年的辛勤笔耕和暨南大学出版社的大力支持，这套系列教材终于即将付梓出版。

　　本系列教材共计十九部，涉及绘画材料、现代工艺、雕塑、陶艺、摄影、服装设计、室内设计、工业设计、动画设计等多个专业，是目前国内美术与设计教育首套系列化实验教材，标志着实验教学由依靠感性经验向理性规范转变，是提升实验教学质量的重要保证。

　　由于时间和水平有限，教材质量一定存在有待改善的空间，重要的是我们迈出了可贵的第一步，由衷地期望这套教材能够起到抛砖引玉的作用，引来更多的学校和教师热忱投入实验教学的建设和改革中，这也是本实验教学示范中心应有的作用之一。

　　本系列教材的出版，得到广东省教育厅重点实验室建设经费资助，在此表示诚挚的谢意。

汪晓曙

2011年10月

# 前　言

现代服装设计，是以人为对象，以面料为素材，以工艺为手段，塑造具有时代特色的美学作品，服装设计的前提是实用性与时尚感，设计的结果要求具有前瞻性与市场性。因此，现代服装设计具有艺术与技术、美学与科学的特点。

服装工艺是结构设计的延伸，是款式设计的体现，更是决定服装设计成败的关键。本书以工艺设计学为重点，课程设置称为"现代服装工艺设计"。在体现工艺教学的基础上，着重工艺设计的原理，并运用开拓与创新工艺设计的手段，以提高学生工艺设计的实践能力。

本书是通过总结多年的教学实践，根据高校及高职高专的服装设计教学需求，对服装工艺课程内容进行补充和扩展而成的。在章节内设置了"学习目标"、"本章小结"、"思考与练习"等环节，目的是加强学生灵活学习与独立思考问题的能力，将设计与感受、实践与总结相结合，有目的地设置各种课题练习，以激活学生的创造性思维，启发他们的潜在能力，为设计意识的培养打下基础。

本书的主要特色在于摒弃了高深奥妙的学术理论，着眼于服装工艺的应用与变化，集工艺与设计为一体。在几大类服装工艺教学中进行分类、归纳与统一，对每一类服装工艺进行实践与整合，采用抓难点、突出重点的教学模式，结合款式创作的特色，设置相关的工艺流程，以工艺设计作为主要环节进行分析指导，选择比较典型的教学范例作为主要环节进行剖析，并进行举一反三的实践与创新，使学生由浅到深、循序渐进地掌握服装工艺设计的原理与方法。在实践中要求学生紧密联系服装市场变化，善于捕捉流行与时尚，善于应用不断更新的现代工艺，把设计、应用、实践探索相互交融，使学生在学习中获得分析问题、解决问题的实践动手能力，提高学生对工艺设计的创新能力，培养新型服装设计人才。

展望未来，现代服装日新月异的发展必将对服装工艺提出新的要求。进行服装工艺教学的改革、创新与尝试，是教学发展的必然，这也是本书编写的主要意图。由于编者水平所限，本书的缺点错误在所难免，不足之处敬请专家、学者及奉献在教学第一线的教师们批评指正。

陈贤昌　钟彩红

2011年8月28日

# 作者简介

陈贤昌　1962年出生于广州，毕业于广州美术学院，现任广州大学美术与设计学院副教授，从事服装设计教学20余年，教授服装结构设计、服装工艺设计等主干课程。

钟彩红　1968年出生，毕业于广州大学艺术与设计学院美术教育专业，现担任广州广播电视大学信息与工程学院的教学和科研工作。

# 目录

CONTENTS

现代服装工艺设计实验教程

第一章　服装工艺基础知识

**［学习目标］**

现代服装工艺设计作为一门服装设计的主干课程，对于现代工艺制作的实践探讨、工艺设计的认识和应用有着不可替代的作用。本章主要介绍服装工艺设计的目的和方法以及工艺成就设计的理念，开拓工艺设计的思路。

学习服装工艺设计首先要求掌握服装缝制工艺的基本知识，了解服装工艺的基本原理与方法，系统地学习与服装相关的知识点。

# 第一节　关于服装工艺设计

服装工艺是依据设计要求，将设计转化成各种生产手段，把各式衣片缝制成不同式样服装的过程。

服装工艺设计是遵循服装样式与服装人体工程设计的意图，通过现代工艺技术的手段，设计出符合款式的生产程序，以求达到预想效果的一种创造性工作。

在服装工艺设计中，制订准确的服装工艺方案能有效地控制服装产品品质，对服装生产工艺过程作出合理的设计，设计的重点是体现服装工艺的水平和实施的过程。服装工艺方案主要包括合理设计服装制作工艺的路径，制定材料工艺消耗的定额、工艺品质要求、产品规程和工艺流程等，能有效地把服装产品在制造过程中所采用的技术、成型方法，用文字、图形给予预先设定，然后进行严格的实施，使设计达到预期的产品目标和质量要求。

# 第二节　现代服装技术对工艺设计的影响

## 一、现代服装技术

要成为一名优秀的服装设计师，不仅仅需要天才的灵感和创意，更重要的是具备扎实而丰富的专业知识和经验，以及灵活清醒的头脑。如何捕捉时尚元素，寻求现代工艺的时尚特色，如何将一件普通的服装通过有效的工艺手段制作成一件具有丰富工艺元素、时尚美观的服装，对一名服装设计师来说，是最大的考验和挑战。"服装不是画出来的，而是做出来的"，"工艺成就设计"彰显着现代服装设计的成功之路。

现代服装工艺已不只是单纯的缝制工艺，它包括服装的款式造型、服装板型设计、服装材料运用、服装工艺的基本构成原理以及现代工艺设计的融入，使服装呈现出时尚缤纷的美观效果。

## 二、工艺对设计的影响

服装工艺设计既可以成就设计的时尚效果，也可以使你的设计不尽如人意。因为工艺的设定必须经过成熟的思考、反复的研究，凭借设计师丰富的实践经验，制订出既符合设计的整体效果和细部工艺，又能方便生产的最理想的方案。

在实践中应注意以下几个方面：

（1）工艺设计中面料的材质与应用是否符合设计的要求，辅料的运用是否恰当。

（2）工艺流程是否符合缝制的设计要求。

（3）线迹的粗细、疏密、明暗、颜色是否达到预期的效果。

（4）细部工艺如何设计出具有时尚特色的效果。

（5）整体工艺是否协调和统一。

（6）实施工艺设计的合理性和先进性。

（7）如何有效地应用现代工艺的新技术、新方法。

工艺设计的目标是让服装成型达到既可以节省工序，又可以使服装更容易、更精确地表现出设计的最终效果。

现代工艺技术是日新月异的，这为服装设计提供了更为广阔的应用素材。现代服装工艺学正是吸取了世界上各民族民间的服装、服饰制作经验和精华，融入现代人的审美意韵，运用先进的技术设备，使服装设计更具时尚性，更容易、更快捷、更有效地生产出具有时代特征的产物，为美化人类、满足人们的着装审美需求开拓出一条崭新的道路。

# 第三节　服装工艺设计的实例分析

服装工艺设计是服装设计中极其重要的中心环节，是体现服装工艺设计总体水平的重要依据。它包括将优良、时尚的工艺设计形式表现在服装的整体效果或局部的造型中，使工艺设计能直观地表达出服装的风貌。

工艺设计是服装物化的表现过程，是使设计达到预期的效果，通过工艺手段完成服装设计的再创造过程。对于服装设计而言，重要的不只是设计行为，还包括成型的手段和方法。在现代工艺中有许多形式在服装设计中起着举足轻重的作用，并且大大丰富设计的形式美感，其中包括时尚的绣花工艺、印花工艺、钉珠工艺、缉线工艺、压褶工艺、镂空工艺、洗水工艺、面料造型工艺、拼贴工艺、装饰工艺和各式时尚工艺等。

要想有效地将各式工艺元素应用到服装的制作中，必须根据服装的类型和风格、时尚与流行的因素等进行综合提炼与运用，为服装的多元化设计添加更多姿多彩的美感形式。

图1-3-1 绣花、钉珠工艺

图1-3-2 立体绣花、钉珠、压褶工艺

图1-3-3 缕空、褶折工艺

图1-3-4 绣花、钉珠工艺

图1-3-5　装饰、装钉工艺

图1-3-6　绣花、钉珠工艺

图1-3-7　装饰、面料造型工艺

图1-3-8　面料造型工艺

图1-3-9　立体绣花、装饰工艺

图1-3-10　绣花工艺

图1-3-11　装饰、钉珠工艺

图1-3-12　缩皱、钉珠工艺

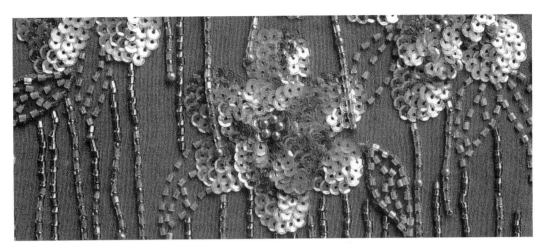

图1-3-13　珍珠、角珠、窝片工艺

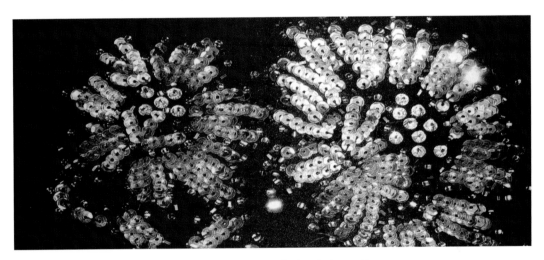

图1-3-14　圆珠、窝片、中孔石工艺

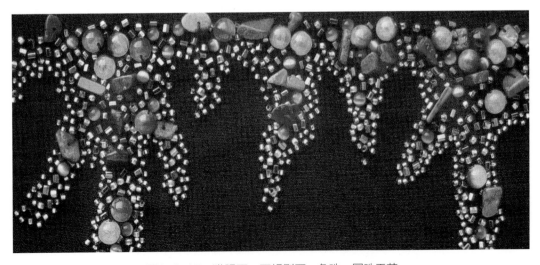

图1-3-15　猫眼石、不规则石、角珠、圆珠工艺

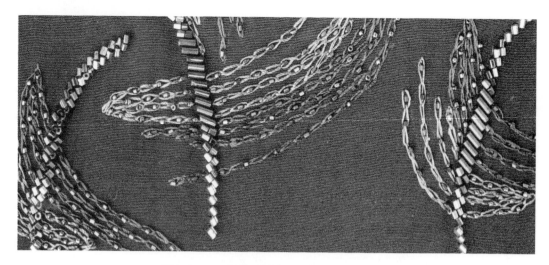

图1-3-16　角珠、圆珠、管珠、车花线工艺

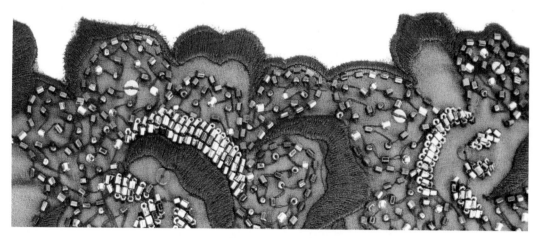

图1-3-17　角珠、圆珠、车花线、平片工艺

图1-3-18　角珠、圆珠、车花线、窝片工艺

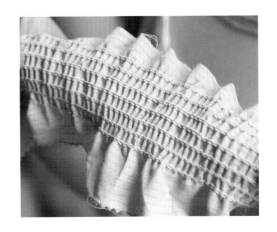

图1-3-19　直型拉筋工艺

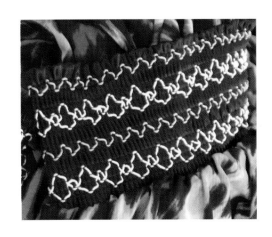

图1-3-20　榄型拉筋工艺

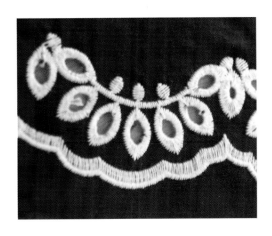

图1-3-21　镂空绣花工艺

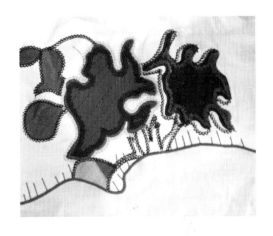

图1-3-22　拼贴绣花工艺

图1-3-23　烧花工艺

图1-3-24　浮雕刺绣工艺

图1-3-25　圆珠、色丁条工艺

图1-3-26　压褶工艺

# 第四节　服装制作的名词术语与常用工具

## [学习目标]

本节主要介绍服装工艺的规范术语，介绍基本的缝纫工具和使用方法，目标在于学习服装工艺的基本知识，掌握服装工具的使用方法。

服装工艺名词术语是服装制作中的专门用语，是在长期生产实践中逐步形成的，是服装加工中规范的常用术语。

## 一、服装工艺名词术语

（1）排料：排出用料定额。

（2）开剪：按照画样用电剪按顺序裁片。

（3）分片：将裁片按编号或按部件种类配齐。

（4）修片：按标准样板修剪毛坯裁片。

（5）打线钉：用白棉线在裁片上做缝制标记，一般在高档服装缝制时采用。

（6）剪省缝：毛呢服装因省缝厚度影响美观，应将省缝上端剪开花。

（7）缉省缝：将省缝折合，用缝纫机缉缝。

（8）烫省缝：将省缝坐倒熨烫或分开熨烫。

（9）推门：平面衣片经收省、归拔等工艺手段处理后，使衣片呈立体形态，更加符合人的体形。

（10）剪口：为便于缝合衣领和袖子等在裁片上剪出的小缺口，做对位记号用。

（11）吃势：指两片缝合，一片较另一片稍长，在制作中将稍长的一片在一定部位层进在稍短的一片中，使两片缝物经层进缝合后，不仅长短一致，而且有一定的丰满圆顺感。

（12）窝势：缝制双层以上衣片时所采用的一种工艺方式，使两层衣料相贴成自然卷曲的状态。

（13）回势：拔开部位的周围边缘处出现的荷叶边形状称为回势。

（14）还口：衣片的横料和斜料容易被拉松，这种工艺现象叫还口。

（15）归拔：在衣片上利用熨斗的温度归或拔出符合人体造型的裁片。

（16）拔裆：将平面裤片经拔烫后，成为符合人体臀部及下肢形态的立体裤片。

（17）烫衬：将黏合衬用熨斗或黏合机烫在衣片的反面。

（18）纳驳头：纳驳头也称扎驳头，用手工或机扎驳头（用于西服的驳领）。

（19）拼耳朵皮：将大衣挂面袖窿底部拼接成耳朵状。

（20）平敷：牵带贴上不出现有紧有松的状况即平敷。

（21）缉袋嵌线：将袋嵌线料缉在开袋口线两侧。

（22）开袋口：将已缉嵌线的袋口中间部分剪开。

（23）滚袋口：毛边袋口用滚条布包光。

（24）封袋口：袋口两端用机器倒回针封口。

（25）扎止口：在翻出的止口上用手工或机器扎上一道临时固定线。

（26）敷止口牵条：将牵条布在止口部位用手工扎住或用糨糊粘住。

（27）敷驳口牵条：将牵条布在驳口部位用手工扎住或用糨糊粘住。

（28）修剔止口：将缉好的止口毛边剪窄或剔薄，有修双边和修单边两种方法。

（29）敷袖窿牵条：将牵条布粘在前后衣片的袖窿部位。

（30）滴肩缝：将肩缝份与衬布扎实。

（31）滴领串口：将领串口缝与绱领缝扎牢，串口必须齐直。

（32）滴袖里缝：将袖子面、里缉缝对齐扎实。

（33）绱领子：将领片与领口缝合，领片稍宽松，吻合处松紧要适宜。

（34）包领面：将西装、大衣领面外翻包转，用三角针与领里绷牢。

（35）扎底边：底边固定后扎一道临时固定线。

（36）扎暗门襟：暗门襟眼裆间用暗针缝牢。

（37）归拔偏袖：将偏袖部位归拔熨烫成人体手臂的弯曲状。

（38）收袖山：用手工或机缝抽拉线缩袖山头，抽缩自然圆顺。

（39）抽碎褶：用缝线抽缩成不定型的细褶。

（40）叠顺裥：缝叠成同一方向的折裥。

（41）滚挂面：挂面里口毛边用滚条布包光。

（42）绱明门襟：绱明门襟又称翻吊边，挂面装在衣片正面止口处。

（43）打套结：在衣衩口、袋口等部位用套结机打套结。

（44）绱拉链：将拉链装缝在门襟或侧缝处。

（45）绱松紧带：将松紧带装在袖口、底边、腰头等部位。

（46）镶边：用镶边料按一定宽度和形状固定在衣片边沿上。

（47）镶嵌线：用嵌线料镶在衣片上。

（48）刮浆：在需要用浆处把浆刮匀，以增加该部位的挺度，便于缝合。

（49）画绗棉线：制作防寒服时，在布料上画出绗棉间隔标记。

（50）绗棉：按绗棉标记机缉或手工绗线，将填充材料与衬里布固定。

（51）点纽位：用铅笔或画粉标注纽扣位置。

（52）锁扣眼：将扣眼用线进行手工锁眼或机械锁眼。

（53）钉纽扣：将纽扣钉在纽位上。

（54）缉明线：机缉服装表面线迹。

（55）镶边：用45°斜料按一定宽度和形状安装在衣片边沿部位滚边。

（56）缲底边：将底边与大身缲牢，分明缲、暗缲两种。

（57）扣烫底边：将底边折转扣子烫。

（58）熨烫：对服装的部件或衣片进行造型熨烫。

（59）整烫：对服装的整体进行定型熨烫。

（60）锁边：用包缝线迹（锁边机）将衣片毛边缝锁，使纱线不易脱散。

（61）针迹：缝针刺穿布料所形成的针眼。

（62）线迹：缝制物上面两个相邻针眼之间的缝线迹。

（63）缝迹：相互连接的线迹。

（64）缝型：一定数量的布片和缝制过程中的配置形式。

（65）缝迹密度：在规定长度单位内所形成的线迹数，也叫做针脚密度。

（66）配衬：按服装的需要配上恰当的软衬或硬衬。

（67）配里：裁剪出符合衣片大小的里布。

## 二、常用缝纫、熨烫工具

（1）卷尺：150 cm的双面软尺（一般正面厘米，反面英寸），用于测量人体尺寸。

（2）直尺：一般分30 cm、45 cm、50 cm、60 cm的长度，在缝制工艺中30 cm直尺使用较为方便。

（3）画粉：在衣片上做标记用的粉片，颜色多样。

（4）剪刀：在缝制工作中应备两种剪刀，一是裁剪布料用的剪刀，型号有9～12号；二是小型剪刀，必须选用刀锋较为锋利的剪刀（便于开口袋）。

（5）手针：手缝用针，根据粗细分为1～12号，型号越小针越粗，反之则越细，应根据面料厚薄和工艺的要求选用。

（6）机针：平缝机使用，分为9～18号，根据面料厚薄选用。

（7）顶针：一种用轻质金属（铜和镍）制成的金属环，戴于中指，做手缝工艺时顶着针尾穿透衣物之用。

（8）针包：一种插针用的软包。

（9）锥子：拉出领角、衣角或拆缝合线时使用。

（10）镊子：拔除线钉和车缝过程中调整上下层面料间吃势或推送面料缝合时使用。

（11）棉线：打线钉或临时固定衣片时所用的线。

（12）缝纫线：缝合衣片的线。

（13）金刚砂袋：一个装满了研磨材料的小袋子，用来去除针上的锈，使针变得更锋利。

（14）蜂蜡：用来润滑缝纫线，防止缝纫线相互纠缠。

（15）电熨斗：常用蒸汽式熨斗，用于缝制过程中的分缝、归拔和成品整烫（在大型生产企业中还有专用整烫设备）。

（16）喷水壶：在归拔、整熨时喷水用。

（17）烫垫：用较厚且具有一定耐热性的布料制成，中间用木粉填满，形状适用于胸部、肩部、臀部等形态的专用工具。

（18）烫凳：一种熨烫服装的工具，一般长度为40～55 cm，宽度为12～15 cm，高度为25～30 cm。

现代服装工艺设计实验教程

第二章　基础缝纫工艺

[学习目标]

只有通过系统的工艺学习，才能具有扎实的工艺入门基础，本章要求在了解基本工艺的基础上，掌握工艺的基本特点，逐步熟悉手针工艺与车缝工艺的方法，以及缝纫设备的操作方法。目标在于培养良好的实操动手能力，为下一步工艺设计奠定稳固的基础。

[能力设计]

（1）充分理解基础工艺原理，培养基础工艺的应用能力，以达到熟能生巧。

（2）根据所学的工艺内容，利用手工创作和装饰等因素，进行基础工艺设计手册创作。

[教学重点]

手针工艺、基础车缝工艺的方法与技巧。

[教学难点]

对手针工艺技法和缝纫设备操控性的把握。

# 第一节　基础手针工艺

手针工艺是制作服装的一项传统工艺，随着服装制作机械化的发展以及制作技术的不断改革、更新，手针工艺在服装中的应用日渐减少。但是，从服装的细部工艺来看，很多工艺过程仍然依靠手针工艺来完成，以达到一种自然、柔和的效果。好的手针工艺能缝制出高质量的服装。特别是在丝绸、毛料高档服装中，手针缝制被广泛采用。运用恰当的手针技法，其缝制质量与艺术效果是机缝工艺难以替代的。另外，在一些具有装饰性效果的服装中，手针工艺也是必不可少的工序，是成就服装特殊效果的工艺手段之一。因此，手针工艺是一项重要的基础工艺。

1. 平缝针

用于缝合双层布料、串缝袖山弧线、临时固定衣片或打线钉的方法，是一种最基本的手针工艺。

（1）方法。

利用手针在布边上以均衡的长度由上至下，再由下至上进行缝线，连续几针后将线拉出，每次完成数针的缝制。这种针法可根据需要用于单层衣片或双层布料。

（2）要求。

针距长短要均匀，缝线松紧适度，线迹平直、美观，针间距一般设定为0.2～0.5 cm。

（3）用途。

常用于衣片缝份的缝合，袖山、袖口的抽缩、包纽扣等。

①平缝针法（见图2-1-1）。

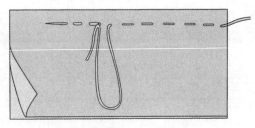

图2-1-1

②抽碎褶。

在衣片面边上缝一道或二道缝线，线迹距离为0.5～0.7 cm，两道缝线间距0.5 cm，通过抽拉线段达到自然的碎褶效果（见图2-1-2）。

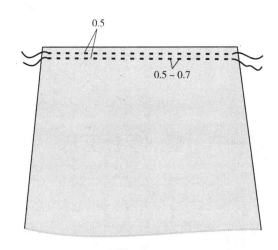

图2-1-2

③抽袖山头。

在袖山弧线上缝一道或二道缝线，线迹距离为0.2～0.3 cm，两道缝线间距0.5 cm，通过抽拉线段达到丰盈的效果，此工艺常用于袖山的吃势（见图2-1-3）。

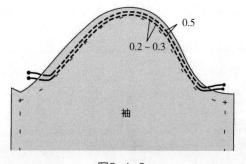

图2-1-3

④包纽扣。

把布按纽扣大小的2倍剪成圆形，用双线在布边缘缝一周，将纽扣放入后抽紧缝线并固定，以达到平伏的效果（见图2-1-4）。

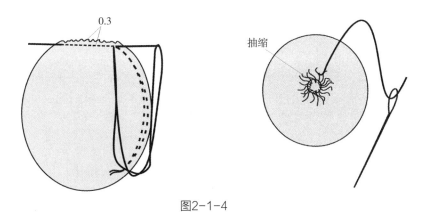

图2-1-4

### 2. 打线钉

打线钉是指采用缝线在两层衣片上做上下对应的缝制记号，一般采用白棉线。

（1）方法。

将两层衣片对叠并平放在台面，沿裁片的完成线记号，运用平缝针法进行挑缝，每针缝后拉出4～5 cm线段。将拉出的线段在中间剪断，再把上下两层衣片在缝线部位轻轻拉开1～1.5 cm并在中间剪断，然后在完成的线钉部位轻轻拍打缝线使之不易脱落（见图2-1-5）。

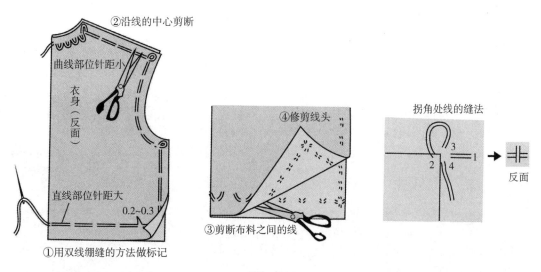

图2-1-5

（2）要求。

缝针要上下一致，针迹控制在0.1～0.2 cm，直线间距可大些，弧线处可相对密些，在转角位可用十字线形。

（3）用途。

用于服装衣片的净缝线部位，如领位、袋位、省位及各部位的完成线。

### 3. 回针

回针缝是一种加强牢固程度的针法，分前回针与倒回针两种，是为避免某些斜丝部位在车缝过程中被拉伸的前工序，如袖窿、领围处等部位。

（1）方法。

前回针是自右向左前进的方法，手针向前缝0.3 cm，然后向后退0.2 cm，如此循环针步；倒回针是自左向右后退的方法，手针向前缝一针0.3 cm，再后退缝一针1 cm，如此循环针步（见图2-1-6）。

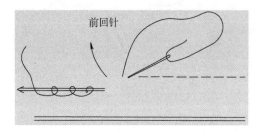
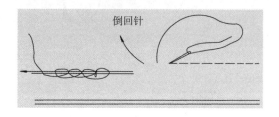

图2-1-6

（2）要求。

缝线松紧合适，具有伸缩性，不易断线，且针距长短均匀，线迹顺直，弧线流畅。

（3）用途。

主要用于衣片面的领部、袖部等弧线位置。

### 4. 缲针

缲缝针是服装上应用较广的一种针法，分为明缲针和暗缲针法。

（1）方法。

①明缲针是由右向左、由里向外缲，每隔0.3～0.5 cm一针，针迹呈斜扁形（见图2-1-7）。

②暗缲针也是自右向左的方向，由内向外竖直缲，每隔0.3 cm一针，缝线隐藏在贴边的夹层中间（见图2-1-8）。

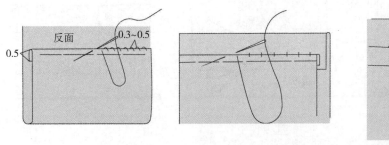

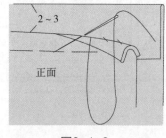

图2-1-7　　　　　　　　　　　图2-1-8

（2）要求。

明、暗缲针的针迹要均匀，缝线松紧适宜，明缲针法在面料正面针迹要求不明显。

暗缲针在面料正反面都要求不露线迹。

（3）用途。

①明缲针用于各种折边、袖口、领口等缝合。

②暗缲针用于各种折边、滚边的缲缝，如中式服装的滚边、袖口、领子的下口等。

### 5. 三角针

三角针是一种缝贴边的固定装饰针法，要求正面少露针迹且缝线不宜过紧，常用于衣服裤口、袖口、折边等。

（1）方法。

自左向右的方向起针，将线结藏在折边里，将针插入距折边上端0.7 cm的位置；第二针挑缝衣料的一两根纱丝；第三针后退挑缝折边上0.7 cm的位置，利用反向缝制、正向出针的方法，呈三角形，依次循环进行（见图2-1-9）。

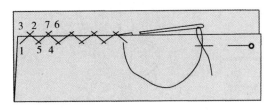

图2-1-9

（2）要求。

线迹呈交叉的三角造型，针距和夹角均匀、相等，排列整齐、美观，缝线不宜过紧，正面少露线迹。

（3）用途。

用于高档服装的折边部位，如裤口、裙口、上衣的下摆等折边处。

### 6. 拉线襻

线襻采用粗线。操作方法分为套、钩、拉三个步骤，常用于面料与里料之间的连接。

（1）方法。

第一针从折边上端开始缝出，把线结藏在里面；然后缝第二针，针距为0.3 cm，将衣片放在工作台上，用左手套住第二针线，左手同时压着衣片，右手通过线环中间，顺势拉缝线，形成第一个襻结。以此循环往复，达到设定的长度（3~5 cm）后，把左手套住的第二针线从线环中间穿过收针，并固定在里布上（见图2-1-10）。

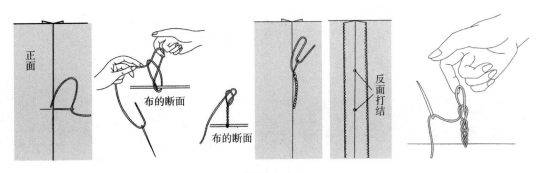

图2-1-10

（2）要求。

双手要配合好，环环相套的线结均匀、美观且松紧一致。

（3）用途。

常用于折边与里子的固定。

### 7. 打套结

打套结是一种常用于加固开口处的针法，具有装饰效果。

（1）方法。

在开口外顶端用平针缝两道衬线，针距为0.4~0.8 cm，针迹要缝在衬线下面的布料上，在衬线上锁缝后收针（见图2-1-11）。

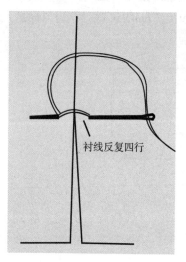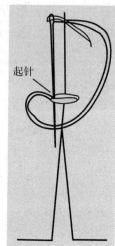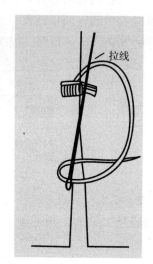

图2-1-11

（2）要求。

针距疏密均匀、整齐，拉线松紧适宜。

（3）用途。

套结针法常用于加固服装的开口处或口袋边。

### 8. 杨树针法

杨树针法属装饰性针法，是多用于女装活里底边等部位的工艺针法。有一针花、二针花和三针花等。

（1）方法。

由右向左运针，进退结合，针针套扣。运用横向或斜向针法进行，针距为0.3~0.5 cm，上下间距为0.3~0.5 cm。应注意，每次出针前必须将缝线置于针下并把线向前绕，然后再抽针拉线（见图2-1-12）。

图2-1-12

（2）要求。

缝线可选用较粗的丝线或绣线，线色可用与衣里料同色或近似色、对比色，以求达到美观的装饰效果。缝线不宜过紧，线型要均匀，大小统一。

（3）用途。

常用于女装或童装的门襟、领边、袋口及里子下摆部位的装饰。

### 9. 葡萄扣

葡萄扣是我国传统服装的一种盘扣形式，常用于中式服装中的旗袍、大褂、长袍等。在现代服装设计中，常用于强化服装的民族风格。

（1）方法。

将所用布料的本色或异色按45°斜丝裁成约30 cm长、1.5 cm宽的布条，把斜丝布条两边扣折0.3 ~ 0.4 cm，然后在中间放入4 ~ 5根棉纱线，把斜丝布条两边对齐并用手针缲缝（针迹要细密），制成盘扣条。最后按图示方法制作（见图2-1-13）。

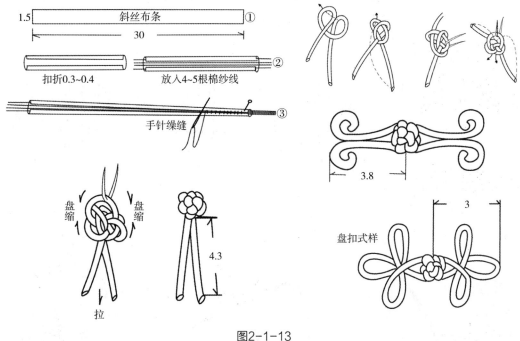

图2-1-13

（2）要求。

盘扣条制作要精细，编织造型要结实和美观。

（3）用途。

用于服装的门襟等装饰部位。

### 10. 锁扣眼

锁扣眼是手针工艺中难度较大的一种针法，主要功能一是让两片衣片重叠时将纽扣扣入纽眼中，二是具有装饰美观的效果。纽眼在外观上分"方头"和"圆头"两种，在行业中分别称为直眼和凤眼工艺。直眼常用于普通及休闲类的服装，纽扣直径偏小；凤眼多用于高档服装，纽扣直径偏大。纽眼工艺可分为手工缝制和机械缝制两种。

（1）平头扣眼（又名直眼），包括一端平头和两端平头扣眼两种。

①一端平头扣眼。

A. 方法。

a. 确定纽眼的大小，计算方式是将纽扣的直径加纽扣的厚度，然后确定纽眼的宽度，一般设置为0.3 cm，并将纽眼的大小位置标记在衣片上。

b. 将纽眼对折剪口，然后放平剪到纽眼两端尽头，使之成扣眼。

c. 打衬线。在离扣眼两侧约0.3 cm处，缝两根同扣眼等长的平行线，作用是使锁好的扣眼牢固、美观、不起皱。

d. 锁眼。第一针从扣眼尾部起针，针从下层向上层挑缝，第一针缝出一个针头后不拔出，用右手将针尾的线由下向上绕在针上，然后将针抽出随即拉线，拉线时应由下向上呈45°角，使线套在眼口边上交结，以此顺序向前锁至圆头时，锁针和拉线应对准圆心，并呈放射状锁缝。

e. 封线。锁眼完成后，尾针应与首针对齐后缝两行封线，然后将针从中间拔出并拉紧缝线，最后在衣片反面打结。（见图2-1-14）

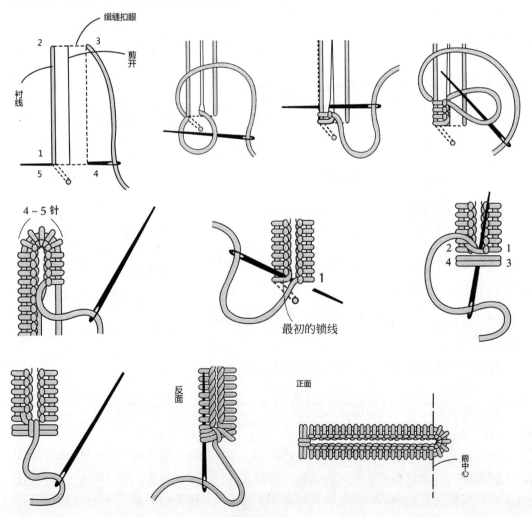

图2-1-14

暗缲针在面料正反面都要求不露线迹。

（3）用途。

①明缲针用于各种折边、袖口、领口等缝合。

②暗缲针用于各种折边、滚边的缲缝，如中式服装的滚边、袖口、领子的下口等。

### 5. 三角针

三角针是一种缝贴边的固定装饰针法，要求正面少露针迹且缝线不宜过紧，常用于衣服裤口、袖口、折边等。

（1）方法。

自左向右的方向起针，将线结藏在折边里，将针插入距折边上端0.7 cm的位置；第二针挑缝衣料的一两根纱丝；第三针后退挑缝折边上0.7 cm的位置，利用反向缝制、正向出针的方法，呈三角形，依次循环进行（见图2-1-9）。

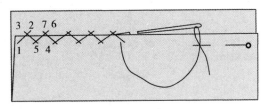

图2-1-9

（2）要求。

线迹呈交叉的三角造型，针距和夹角均匀、相等，排列整齐、美观，缝线不宜过紧，正面少露线迹。

（3）用途。

用于高档服装的折边部位，如裤口、裙口、上衣的下摆等折边处。

### 6. 拉线襻

线襻采用粗线。操作方法分为套、钩、拉三个步骤，常用于面料与里料之间的连接。

（1）方法。

第一针从折边上端开始缝出，把线结藏在里面；然后缝第二针，针距为0.3 cm，将衣片放在工作台上，用左手套住第二针线，左手同时压着衣片，右手通过线环中间，顺势拉缝线，形成第一个襻结。以此循环往复，达到设定的长度（3～5 cm）后，把左手套住的第二针线从线环中间穿过收针，并固定在里布上（见图2-1-10）。

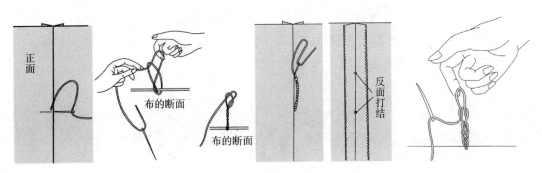

图2-1-10

（2）要求。

双手要配合好，环环相套的线结均匀、美观且松紧一致。

（3）用途。

常用于折边与里子的固定。

### 7. 打套结

打套结是一种常用于加固开口处的针法，具有装饰效果。

（1）方法。

在开口外顶端用平针缝两道衬线，针距为0.4～0.8 cm，针迹要缝在衬线下面的布料上，在衬线上锁缝后收针（见图2-1-11）。

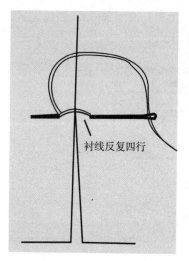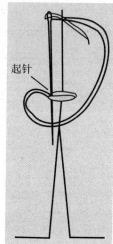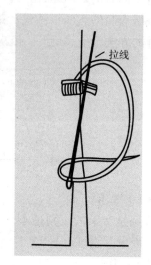

图2-1-11

（2）要求。

针距疏密均匀、整齐，拉线松紧适宜。

（3）用途。

套结针法常用于加固服装的开口处或口袋边。

### 8. 杨树针法

杨树针法属装饰性针法，是多用于女装活里底边等部位的工艺针法。有一针花、二针花和三针花等。

（1）方法。

由右向左运针，进退结合，针针套扣。运用横向或斜向针法进行，针距为0.3～0.5 cm，上下间距为0.3～0.5 cm。应注意，每次出针前必须将缝线置于针下并把线向前绕，然后再抽针拉线（见图2-1-12）。

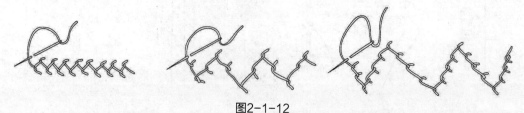

图2-1-12

（2）要求。

缝线可选用较粗的丝线或绣线，线色可用与衣里料同色或近似色、对比色，以求达到美观的装饰效果。缝线不宜过紧，线型要均匀，大小统一。

（3）用途。

常用于女装或童装的门襟、领边、袋口及里子下摆部位的装饰。

### 9. 葡萄扣

葡萄扣是我国传统服装的一种盘扣形式，常用于中式服装中的旗袍、大褂、长袍等。在现代服装设计中，常用于强化服装的民族风格。

（1）方法。

将所用布料的本色或异色按45°斜丝裁成约30 cm长、1.5 cm宽的布条，把斜丝布条两边扣折0.3~0.4 cm，然后在中间放入4~5根棉纱线，把斜丝布条两边对齐并用手针缲缝（针迹要细密），制成盘扣条。最后按图示方法制作（见图2-1-13）。

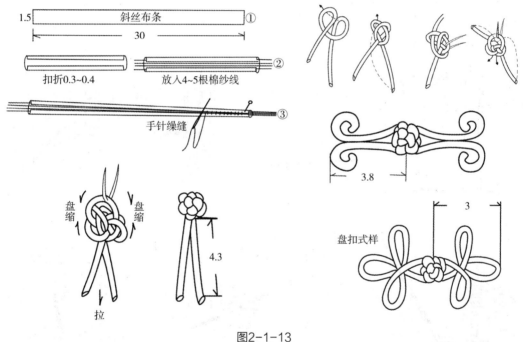

图2-1-13

（2）要求。

盘扣条制作要精细，编织造型要结实和美观。

（3）用途。

用于服装的门襟等装饰部位。

### 10. 锁扣眼

锁扣眼是手针工艺中难度较大的一种针法，主要功能一是让两片衣片重叠时将纽扣扣入纽眼中，二是具有装饰美观的效果。纽眼在外观上分"方头"和"圆头"两种，在行业中分别称为直眼和凤眼工艺。直眼常用于普通及休闲类的服装，纽扣直径偏小；凤眼多用于高档服装，纽扣直径偏大。纽眼工艺可分为手工缝制和机械缝制两种。

（1）平头扣眼（又名直眼），包括一端平头和两端平头扣眼两种。

①一端平头扣眼。

A. 方法。

a. 确定纽眼的大小，计算方式是将纽扣的直径加纽扣的厚度，然后确定纽眼的宽度，一般设置为0.3 cm，并将纽眼的大小位置标记在衣片上。

b. 将纽眼对折剪口，然后放平剪到纽眼两端尽头，使之成扣眼。

c. 打衬线。在离扣眼两侧约0.3 cm处，缝两根同扣眼等长的平行线，作用是使锁好的扣眼牢固、美观、不起皱。

d. 锁眼。第一针从扣眼尾部起针，针从下层向上层挑缝，第一针缝出一个针头后不拔出，用右手将针尾的线由下向上绕在针上，然后将针抽出随即拉线，拉线时应由下向上呈45°角，使线套在眼口边上交结，以此顺序向前锁至圆头时，锁针和拉线应对准圆心，并呈放射状锁缝。

e. 封线。锁眼完成后，尾针应与首针对齐后缝两行封线，然后将针从中间拔出并拉紧缝线，最后在衣片反面打结。（见图2-1-14）

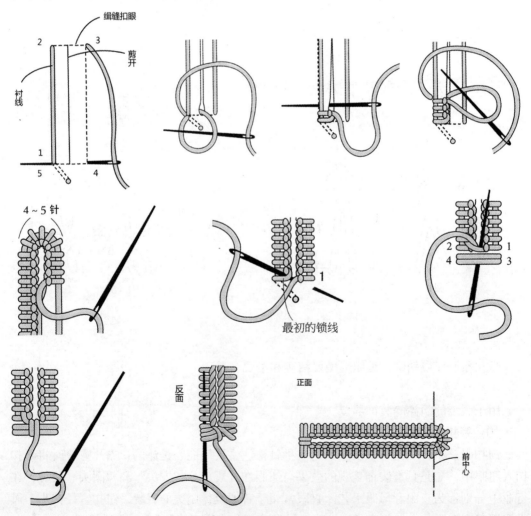

图2-1-14

B. 要求：锁眼大小一致，锁线两边排列整齐、美观、结实，前孔圆顺，尾端整齐。

C. 用途：常用于衬衣、内衣、装饰部位及休闲类的服装。

②两端平头扣眼。

A. 方法。

扣眼的锁法与一端平头扣眼方法相同，只是两端平头扣眼都缝制成平头形式（见图 2-1-15）。

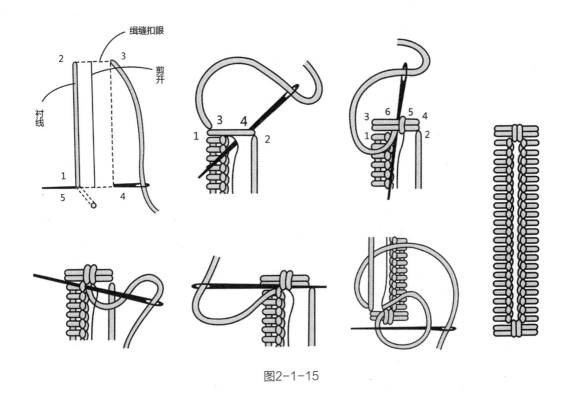

图2-1-15

B. 要求。

锁线美观、牢固，缝线间距均匀，两端平均、对称、美观。

C. 用途。

常用于衬衣、内衣、休闲类和纽扣偏小的服装。

（2）圆头扣眼（又名凤眼）。

与一端平头锁眼方法基本相同，与之区别的是凤眼头呈圆形，具有更美观的效果。

①方法。

A. 确定纽眼的大小，计算方式是将纽扣的直径加纽扣的厚度，然后确定纽眼的宽度，一般设置为0.3 cm，并将纽眼的大小位置标记在衣片上。缉缝扣眼位置，用圆孔凿子开出扣眼的圆头，并沿圆孔剪开扣眼中间，剪掉扣眼圆头与切线之间多余的角。

B. 在扣眼边上缝好衬线，扣眼圆头周边要密针细缝。

C. 用与平头锁眼相同的方法进行锁缝，在扣眼的圆头处呈放射状锁缝。封线和收针与直眼工艺相同（见图2-1-16）。

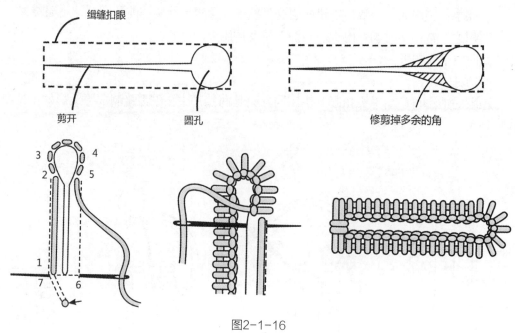

缉缝扣眼

剪开　　　　圆孔　　　　　　　修剪掉多余的角

图2-1-16

②要求。

锁线美观、牢固，缝线间距均匀，圆头放射线均匀、对称、美观。

③用途。

常用于男女高级服装、厚衣料服装等，如西服、大衣、外套、裤子等。

**11. 钉纽扣**

纽扣在服装上有实用和装饰两种作用，实用扣的位置与扣眼的位置相对应。钉扣时底线要放出适当的松量作缠绕扣脚用，纽扣脚的高度一般要略大于纽扣眼的厚度。装饰扣与扣眼一般不发生关系，因而不必留纽扣脚，缝钉时线迹可以适当拉紧。

（1）方法：图2-1-17所示的是实用扣的缝钉方法与步骤。

（2）要求：钉扣线脚绕线紧凑，高低适合，纽扣与扣眼位置相对，扣好后平伏。钉扣线藏结于暗处，衣服里外干净整齐。

（3）用途：常用于有纽眼的服装。

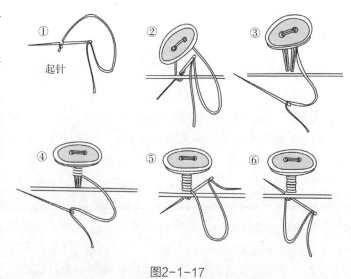

起针

图2-1-17

# 第二节　基础车缝工艺

机缝工艺是指服装在成型的过程中，依靠服装机械来完成缝制加工的方法，它是现代服装工业生产的主要手段。随着服装缝纫设备的飞速发展，许多服装的部件、部位的工艺已经实现了缝制工艺的机械化成型。如自动开袋机、搭缝机、自动裤裆机等机械设备，为服装缝制提供了坚实的基础。

机械是服装生产加工中最基础的部件工艺，它直接影响服装产品的质量和使用价值。因此，掌握机缝技术要领和精髓，以及熟悉各种设备的技能是十分重要的。在基础车缝工艺技术中，它是成就各式服装最基本的工艺方法。所以，掌握车缝工艺是服装成型最不可忽视的工艺环节。

## 1. 平缝

在所有缝型中，平缝是最基础的机缝工艺，常用于缝合两层衣片。平缝有直线平缝和弧线平缝等工艺，直线平缝工艺相对容易，弧线平缝具有一定的工艺技巧。平缝最关键的工艺要点是缝合两层衣片后长短保持一致，且无折皱。

（1）方法。

将两衣片正面对齐平放在机台前，左手轻压衣片送布，右手轻拉底层衣片（避免车缝时出现上松下紧的现象）。然后沿净缝线车缝，开始和结束时要倒缝1 cm，以防止线头脱落。进行弧线平缝时要注意速度的控制和左右手的配合，保持上下一致（见图2-2-1）。

（2）要求。

净缝线车缝的边距要均等，两衣片缝合后要平伏，上下衣片长短一样，且松紧一致。

（3）用途。

常用于衣片缝合或衣片临时固定。

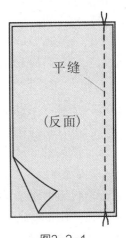

平缝

（反面）

图2-2-1

## 2. 压倒缝

压倒缝又称压绢缝，是先将两层衣片平缝，然后在正面绢缝的一种车缝工艺，具有加强缝份强度的作用，又有装饰线的效果。压倒缝分单线压缝、双线压缝和多线压缝等形式，线的颜色可运用不同颜色搭配，线的粗细可多样化。

（1）方法。

先将两层衣片平缝，按照规定的缝份单向扣倒烫平，在单向缝份的面料正面之上，距离缝边0.2～0.8 cm绢缝，绢线宽度可根据需要去设定（见图2-2-2）。

（2）要求。

绢线要宽度均等、顺直，衣片压倒缝后自然平伏。

（3）用途。

此工艺常用于服装边缝的缝合，在休闲类服装中应用较广。

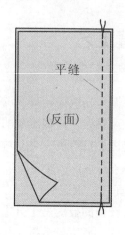

图2-2-2

### 3. 搭接缝

搭接缝也叫做骑缝，是将两裁片拼接的缝份重叠，在重叠部分的中间缉一道线固定，可以减少缝份的厚度。由于这种缝型的毛边暴露在外面，所以仅能用于拼接衬布和特殊的接缝设计（见图2-2-3）。

（1）方法。

将衣片正面朝上，缝份相互重叠，居中缉缝。

（2）要求。

缝份重叠边距均等，缉线要平直。

（3）用途。

用于拼接衬布和具有毛边效果的工艺设计。

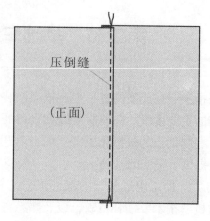

图2-2-3

### 4. 内包缝

分内包缝和外包缝常用于不锁边的缝份处工艺。其中内包缝又称反包缝或暗包缝，是一种以一片布包住另一片布边的车缝方法。

（1）方法。

将两层裁片正面相对，上层裁片稍向左移，下层裁片露出预定的缝份，将下层裁片的缝份向左折叠包住上层裁片的毛边，再沿折边按照预定的宽度车缝一道线（通常设定为0.6～0.8 cm）；然后将上层裁片向右翻折，使上层裁片正面向上，在距边限设定的距离缉一道明线，包缝的宽窄一般为0.4～1.2 cm。内包缝的特点是在布料的正面只能看到一道明线，在布料的反面则能看到两道缝线（见图2-2-4）。

（2）要求。

包折车缝时缝份边距要等宽，缝合要均匀、平伏，缉明线要平直。

（3）用途。

常用于肩缝、袖缝、侧缝等部位。

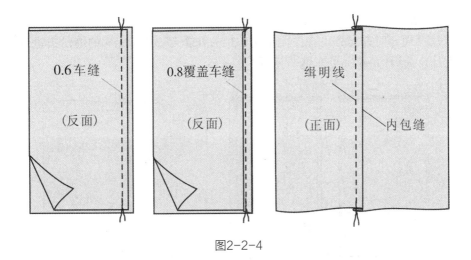

0.6车缝

（反面）

0.8覆盖车缝

（反面）

缉明线

（正面）　内包缝

图2-2-4

### 5. 外包缝

外包缝又称正包缝或明包缝，缝制方法与内包缝相同。这种缝型的外观特点与内包缝正好相反，正面能够看到两道明线，反面只有一道缝线，具有加固的作用和装饰的效果。

（1）方法。

缝制时将两层裁片反面相对，然后按照内包缝的步骤进行操作。包缝的宽度一般为0.6～0.8 cm（见图2-2-5）。

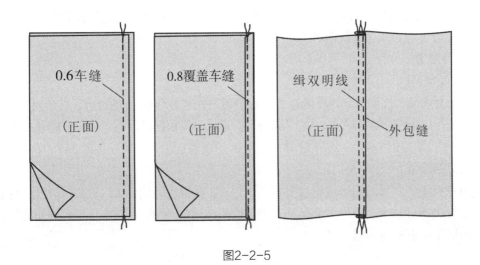

0.6车缝

（正面）

0.8覆盖车缝

（正面）

缉双明线

（正面）　外包缝

图2-2-5

（2）要求。

包折车缝时缝份边距要等宽，缉双明线时要平直、均匀。

（3）用途。

常用于牛仔装、夹克等休闲类服装的缝制。

### 6. 法式缝

法式缝也称正反缝、筒子缝，是一种将布料内缝后再反缝，布料正面不显露明线的缝制方法。

（1）方法。

将衣片反面相对并对齐，在正面沿边0.3 cm处缝合。把0.3 cm的缝份折进两衣片中间，在衣片反面沿边0.6 cm处车缝（见图2-2-6）。

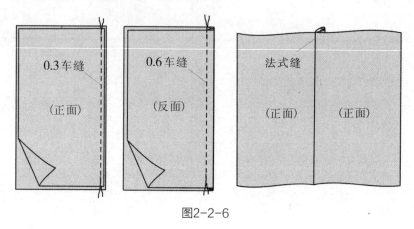

图2-2-6

（2）要求。

缝份整齐、均匀、宽窄一致，正反面均无毛头出现。

（3）用途。

适用于男女衬衫、童装的肩缝、侧缝和摆缝等。

### 7. 卷边缝

卷边缝是将衣片的毛边进行两次翻折后缉缝的一种工艺，边缝具有干净、美观的效果。有直边卷缝和弧边卷缝两种。

（1）方法。

①直边卷缝。

取一片衣片，反面向上，将需卷边缝的一侧先折出宽约0.8 cm的折边，然后再折转1 cm的折边，在1 cm折边的内侧0.2 cm处缉缝线，折边大小可根据设计而定。为了防止折边底面长短不一，出现扭曲现象，在车缝时可利用锥子压着折边送缝（见图2-2-7）。

②弧边卷缝。

用左右手将衣片的毛边进行重复折边0.5 cm，在折边的内侧0.2 cm处缉缝线，注意弧边卷缝折边不可过大，缉缝时要适当拉伸和缩缝折边，使底面保持上下平伏和均衡，也可利用锥子压着折边送缝（见图2-2-8）。

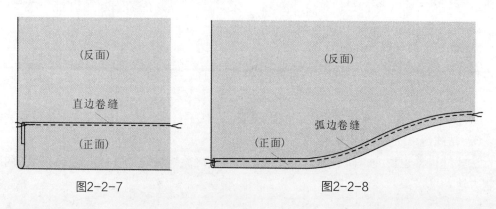

图2-2-7　　　　　　　　　　　　　　　　图2-2-8

（2）要求。

折卷的衣边平伏、宽窄一致，无涟形现象。

（3）用途。

适用于服装的下摆、袖口和裤口等部位。

### 8. 滚边工艺

滚边工艺是指用一条衣料将衣片毛边包光，既是衣片毛边的封口，又是作为装饰的一种缝制工艺，是用斜裁布或带子等包裹裁边的方法，用于处理窝边和装饰布边。作为装饰处理时，可以选择颜色相配的斜裁滚边条、嵌花装饰布、皮革、合成皮革等材料来体现设计效果；滚边的宽度可根据设计要求设定，常用的宽度为0.6~1.2 cm。

（1）方法。

把斜丝条按45°斜丝进行裁剪。裁剪时一定要设定为正斜纱，如果不是正斜纱，所做的滚条容易扭曲，不美观。因为斜丝条剪下来后宽度会自然变细，所以应注意在裁剪时把宽度适度加大。

滚边布宽度应依据下面的公式确定。

滚边布宽＝制成宽度＋缝份（含针迹掩盖量）＋面料厚度＋折入里侧宽度＋里侧缝头＋烫伸份

假定滚边完成宽度确定为0.6 cm，其滚边的宽度应为：

$$滚边布宽＝0.6＋0.6＋0.1＋0.6＋0.5＋0.3＝2.7\ cm$$

滚边工艺的方法有三种。

①缲缝法。

将面料与滚边条正面相对，缉缝滚边宽度，扣折出滚边条的滚边宽度，在里侧沿着缉缝针脚的边缘用手针缲缝（见图2-2-9）。

②缉缝法。

在里侧折出的滚边宽度比正面稍宽，从正面沿滚边边缘缉明线（见图2-2-10）。与缲缝法相比，此法制作的滚边显得较硬。

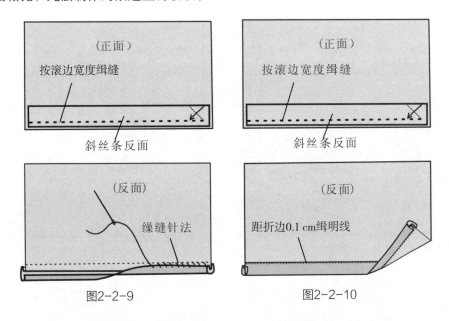

图2-2-9　　　　　　　　　　图2-2-10

③夹入法。

用熨烫扣折好的滚边条包住布边缉缝，由于两面都能看见明线，因此多用于轻便装的设计（见图2-2-11）。

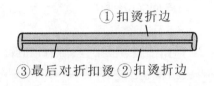

①扣烫折边

③最后对折扣烫 ②扣烫折边

（2）要求。

缲缝法与缉缝法中应注意车缝的宽度要相等，缲缝针法要细密；缉缝法在缉明线时底面边上下要一致；夹入法在缝制前应扣烫好滚边条，底面应比正面大0.2 cm，以便在面上缉缝线时能同时缝合底面。如做弧形滚边时，应在扣烫时整形，以达到弧形的美观效果。

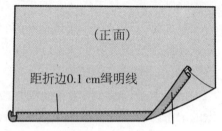

（正面）

距折边0.1 cm缉明线

滚边条反面宽度比正面宽0.1 cm

图2-2-11

（3）用途。

缲缝法常用于纯棉、麻、丝织物等面料的领口、门襟、袖口的工艺处理；缉缝法多用于休闲服装的边缝处理；而夹入法则应用于针毛织物的领口、袖口的工艺。

### 9. 收线缝

收线缝又称收褶缝，具有缩缝的功能，但此工艺的缩缝量不大。

（1）方法。

将衣片要缩缝的部位放在平缝机上，在0.5 cm处车缝，注意要用右手压着布料控制车缝的自然前进，以达到自然的缩褶效果（见图2-2-12）。

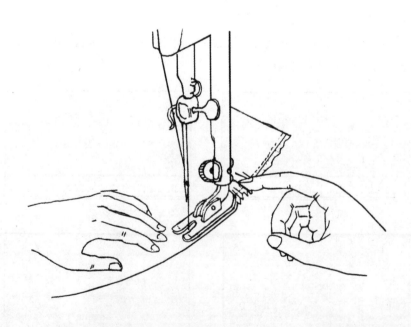

图2-2-12

（2）要求。

掌握好手的按压控制技巧，缉线要均匀。

（3）用途。

常用于衣片的缩褶或衣片的缩量。

## 本章小结

1．了解手针工艺和基础车缝工艺的主要特点，在实践中体会基础工艺的精髓。

2．理解手针工艺与车缝工艺的运用方法，熟悉它们各自的操作技巧。

3．了解手针工艺和基础车缝工艺在服装中的应用原理，通过实践加强工艺缝纫的动手能力，灵活运用，使工艺水平能有一个稳固的基础。

4．以理论为导向，以实践为体会，掌握服装最基本的工艺技术。

## 思考与练习

1．常用的手缝针法有哪些？各有什么用途？

2．怎样缝好三角针？如何把握工艺要点？

3．缲缝针法要注意什么？怎样才能掌握缲缝工艺的应用技巧？

4．锁扣眼的针法有什么特点？试在布上重复练习，提高实践基础。

5．钉扣时在什么情况下要缠绕线脚？怎样缠绕才符合要求？

6．常用的车缝工艺有哪些？各有什么用途？

7．做平缝时要注意哪些工艺要点？

8．滚边布的宽窄是怎样确定的？为什么都采用正斜纱面料制作？在实践中体会盘扣的工艺技巧。

9．常用的熨烫方法有几种？如何运用？

10．根据本章的学习内容，以工艺手册的形式，编制基础工艺设计手册。

（1）要求。

统一采用A3纸大小（双页），封面、内页的表现形式自行设计。

（2）内容。

内容包括基础手针工艺、基础车缝工艺。

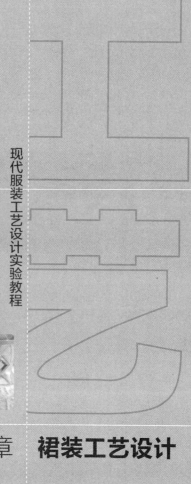

现代服装工艺设计实验教程

第三章 **裙装工艺设计**

[ **学习目标** ]

　　裙装工艺设计是服装工艺设计中最基本的造型学科。本章主要学习裙装的设计形式，工艺运用与实践，工艺流程的编制，以及面料、辅料的应用等方面，通过实践与体会提高裙装的成型能力和裙装工艺设计的创新能力。

[ **能力设计** ]

　　（1）充分理解裙装的缝制原理，培养结构制图与缝制能力，达到结构制图准确、缝制设定合理、缝制品质优良的要求。
　　（2）根据裙装款式设计的限定，分别把现代工艺元素融入裙装的制作中，利用设备能力、手工创作和装饰辅料等，进行裙装的综合实践与创作。

[ **教学重点** ]

　　裙装工艺成型的特点、技法以及工艺设计的应用。

[ **教学难点** ]

　　面料、辅料、板型设计与工艺设计综合应用能力的培养。

# 第一节　裙装工艺设计知识

　　缝制一条服装工艺优良的裙子，首先要从整体上理解服装工艺的构成以及工艺技法、步骤，巧妙地运用辅料的特性来配合工艺的完成。因此，在缝制前就应设定工艺流程，选择适当的服装衬料，选用最佳的工艺方法。这样，从开始到结束，缝制工艺都会有一个明确的方案，以便在制作中得心应手。
　　另外，在此基础上应将时尚流行的工艺元素、工艺特点有机地融入裙装的整体工艺设计中，使裙装从单纯的工艺缝制变成具有设计形式与意念的创作，如在工艺中运用有特色的缉线工艺、装饰工艺、花边工艺、绣花工艺、钉珠工艺等。

图3-1-1

图3-1-2

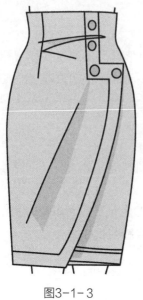

图3-1-3

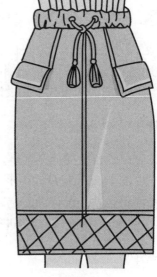

图3-1-4

图3-1-5

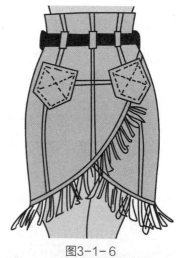

图3-1-6

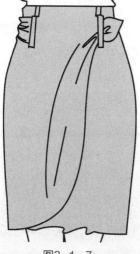

图3-1-7

图3-1-8

# 第二节 筒裙结构设计与纸样

## 一、款式、面料与规格

### 1. 款式特点

筒裙是从腰部到膝盖附近长短的裙装，属于比较贴体的半紧身裙类，裙摆顺势略收，造型呈H型，也称西式裙。裙长一般在膝盖上下。本款裙装有腰头，前、后裙片左右各设两腰省，后中缝装隐形拉链，后中下摆设置裙衩。此款式不受年龄和体型限制，穿着场合较广泛。

### 2. 面料

筒裙是裙装最基本的裙型，可根据季节和需求来确定面料的厚薄，根据设计需求来选择布料的材质，可选用棉、麻、呢绒、化纤以及具有一定弹性的混合面料，里料一般选用较柔软的质料。用料：面料幅宽150 cm，用量75 cm；里料幅宽114 cm，用量60 cm。

### 3. 规格设计

图3-2-1

筒裙规格表

单位：cm

| 号型 | 名称 | 裙长（SKL） | 腰围（W） | 臀围（H） | 臀长 | 腰头高 |
|------|------|------------|----------|----------|------|--------|
| 160 / 68A | 实体尺寸 | / | 66 | 90 | 18 | 3 |
| | 成品尺寸 | 58 | 68 | 94 | 18 | 3 |

## 二、筒裙结构制图

结构要点：

（1）把握筒裙的基本形态，注意臀长深度的确定。

（2）注意省量大小的设定方式，规划腰省在裙片中的位置、省位的形态、侧缝线的弧度等。

（3）注意腰围线的起翘量和后中下落的深度。

（4）下摆侧缝线的收入量不宜过大。

（5）注意后中开衩的形式、深度和叠量的设定。

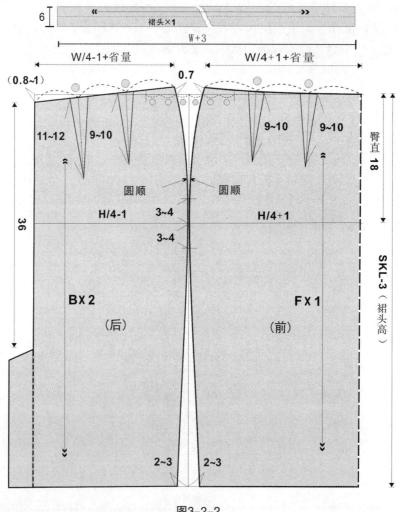

图3-2-2

## 三、筒裙面料、里料排料

### 1. 面料排料

适宜制作筒裙的面料有很多种类，面料的门幅宽也有各种规格，常用的有90 cm、115 cm、144 cm、150 cm等。这里使用的是144 cm门幅宽的面料（对折排料）。按照纸样所标注的纱向及裁剪片数的要求，将其排列在面料之上（见图3-2-3）。

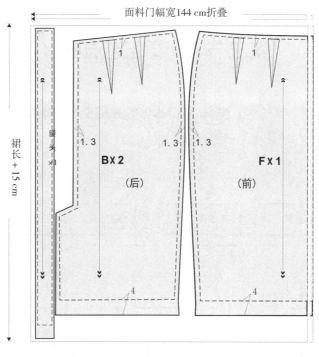

图3-2-3

## 2. 里料排料

裙里纸样是根据面料样板绘制而成的，缝份基本与裙片面料一致，只是裙里下摆留3 cm缝份（对折卷缝），缝制完成后比面料短4 cm（见图3-2-4）。

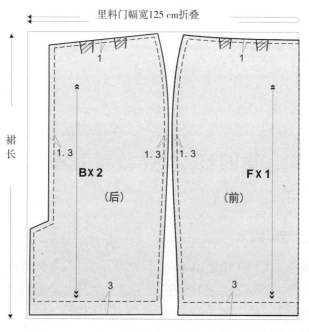

图3-2-4

## 第三节　筒裙工艺流程

筒裙的工艺缝制步骤基本上按图3-3-1所示的流程进行，如裙子有款式上的变化，则根据实际需要调整局部的工艺步骤。

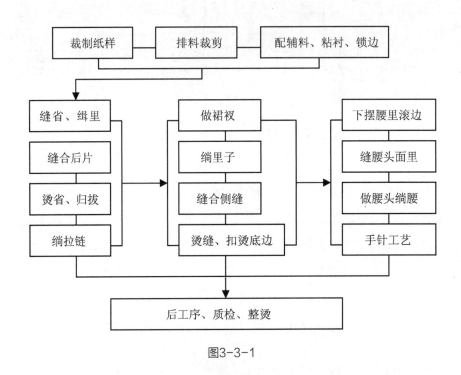

图3-3-1

## 第四节　筒裙缝制工艺

### 主要工艺技法与步骤

**1. 前工序辅料准备工作（见图3-4-1）**

（1）打线钉：在主要部位打线钉做记号（在流水生产批量作业中可省略此工序）。

（2）粘衬：在设定衩位、腰头等部位粘无纺衬及树脂硬衬。

（3）锁边：将裙片锁边（腰头除外）。

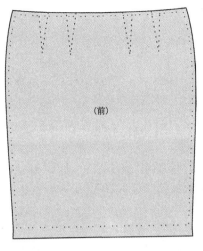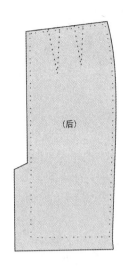

图3-4-1

## 2. 缝省、归拔（见图3-4-2）

（1）做省关键是省尖的处理，在省尖的缝线上延长1 cm，以求达到省尖的平伏。

（2）归拔裙片主要采用热烫工艺处理面料，从而达到接近人体的造型。归拔位置主要在臀围至腰围之间。

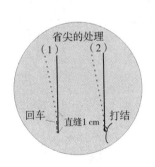

图3-4-2

## 3. 绱拉链（见图3-4-3）

（1）选择质量好的隐形拉链，长度要比开口的长度长2~3 cm。

（2）在衣片上按照做缝的印记确定拉链的位置。

（3）缝合拉链以下缝份到裙衩位，用熨斗略分烫缝份。

（4）将拉链的反面与衣片正面对齐，利用拉链专用压脚（隐形压脚），按净缝线从上到下车缝拉链到开口处（预留空隙0.5 cm）。将拉链拉合，在另一端用画粉每隔3~4 cm做左右平衡的标记，然后从上到下按标记车缝拉链（预留空隙0.5 cm）。

（5）从底端反面拉出拉链，小烫正面拉链处。

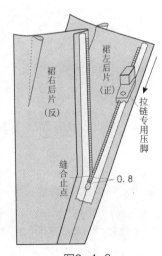

图3-4-3

4. 做裙衩、上里子（见图3-4-4）

（1）后裙片、裙衩熨烫整型，左裙衩扣烫，距右裙衩1~2 cm处扣烫裙子的底边。

（2）裙衩重叠角位运用45°缝合工艺，缝份只留0.5 cm并斜剪缝份，分烫后翻正。

（3）将缝好中缝的里子缝合在拉链的毛缝上。方法有两种：一是在内面和里子的缝份处缝合（工业生产化）；二是先固定假缝后用手针暗缝固定在拉链位（精做方式）。

（4）将里子从拉链下端至裙衩上端适当留长0.3 cm，目的是避免裙衩出现吊衩现象，修剪开衩处的里子并扣烫缝份（裙衩里子止点要45°剪缝份），双面粘衬黏合固定。缝合裙衩的方法有两种：一是在内缝合面和里子的缝份，后将裙衩开口止点缝份与里子缝合（工业生产化）；二是用缲针法手针缝合裙衩两端（精做方式）。

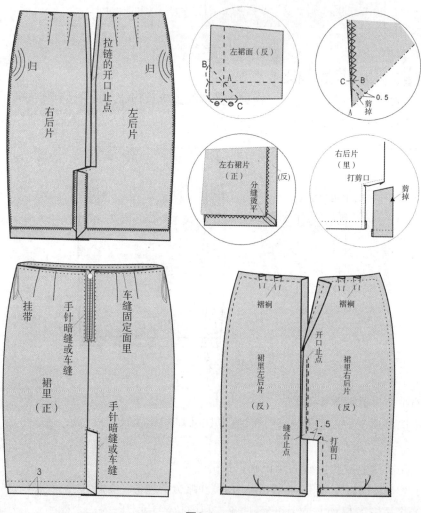

图3-4-4

5. 做腰衬、绱腰头

（1）做腰衬。

腰衬工艺方法有两种：一是用有纺粘衬按腰面的长宽（毛样）黏合在腰面的反面；二是将树脂硬衬（净样）黏合在腰面的反面，预长拉链处的重叠份（3 cm），将腰底面的毛边滚边或锁边，扣烫整型（见图3-4-5）。

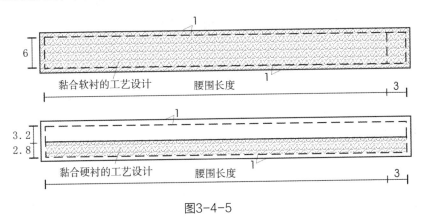

图3-4-5

（2）缝腰头。

①设定两侧挂带并车缝固定，挂带宽0.8 cm、长18 cm，对折。

②把腰面与裙腰面对合，在净缝线上（沿硬衬边0.1~0.2 cm）与裙腰缝合，腰面两端对折内缝1 cm，然后翻正在腰面压缝腰头。由于面料重叠多层，因此必须用锥子送布车缝，以避免面底长度不一致而出现扭腰现象（见图3-4-6）。

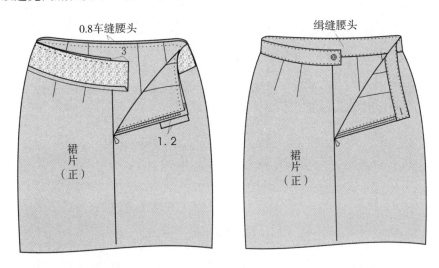

图3-4-6

## 6. 后工序工艺

（1）质检。

全面检查裙子的质量是否达到预定的工艺品质。

（2）手针工艺。

完成下摆贴边、开纽眼、钉扣等工艺。

（3）整烫。

要注意裙子的原有归拔造型，采用蒸气整烫及抽湿定型进行熨烫工艺处理，最后吊挂裙子。

## 本章小结

1. 学习裙装工艺的运用方法，熟悉各部位的缝制技巧。

2. 了解裙装工艺的主要特点，在实践中体会裙装工艺的精髓。

3. 通过样裙的缝制，找出裙子在结构板型与工艺水平方面的不足，进行修正。

4. 以设计为理念，以实践为体会，灵活应用，掌握裙装的工艺技术。

5. 通过对工艺设计基础的学习，对裙装进行有针对性的工艺处理。融入现代工艺手段，提升裙装制作的整体设计水平。

## 思考与练习

1. 裙装的基本特征是什么？

2. 筒裙的板型设计特点是什么？

3. 现代裙装的工艺设计特点是什么？

4. 筒裙的缝制工艺特点是什么？工艺流程特点是什么？

5. 根据裙装的教学要求，结合市场流行元素，组成3～6人的小组式学习团队，展开裙装的系列设计、工艺设计和制作。

6. 总结筒裙工艺的学习心得，编制筒裙工艺设计手册。

（1）要求。

以PPT的形式展示筒裙工艺设计手册。

（2）内容。

内容包括款式设计图、板型设计图、工艺设计特点、面料与辅料小样、工艺流程表、主要工艺特点和最终成型效果等。

现代服装工艺设计实验教程

第四章　裤装工艺设计

[ **学习目标** ]

　　裤装工艺设计是各类裤子成型的基本要素。本章主要通过熟悉裤装工艺设计的程序，了解裤子工艺成型的方法，掌握裤子工艺的特点与技巧；在掌握裤装工艺基础知识的同时，融入工艺设计的程序，进行工艺设计的创新，培养工艺的创造力，探索工艺设计的应用。

[ **能力设计** ]

　　（1）充分理解裤装的缝制原理，培养裤装结构制图与缝制能力，达到板型与人体相符、缝制设定合理、缝制品质优良的要求。

　　（2）根据裤装款式设计的限定，把现代工艺元素融入裤装的制作中，利用设备功能、手工创作和装饰辅料等，着重对口袋、腰头、分割线等部位进行综合的实践与创作。

[ **教学重点** ]

　　裤装缝制工艺技巧以及工艺设计的实施步骤。

[ **教学难点** ]

　　裤装工艺设计以及对面料、辅料、板型设计综合应用能力的提高。

# 第一节　裤装工艺设计知识

　　裤装是男女服装的重要组成部分，注重外观、内观的整体工艺。它的服装面料高档，辅料、配料选材优良，工艺构成较为复杂，熨烫和归拔工艺讲究，服装的零部件较多，构成方法多样。因此，要缝制一条品质优良的裤子，裁制样板要精确，结构造型要具有现代感，再加上优良的辅料搭配，包括里料、腰衬、黏合衬、袋布、拉链等，从归拔熨烫工艺到车缝工艺相互配合运用，注重主要工艺的构成和缝制技法，融入工艺设计的时尚方法。

　　另外，在此基础上应将时尚流行的工艺元素、工艺特点有机地融入裤装的整体工艺设计中，使裤装从单纯的工艺缝制变成具有设计形式与意念的创作，如在工艺中运用有特色的缉线工艺、装饰工艺、花边工艺、绣花工艺、钉珠工艺等。

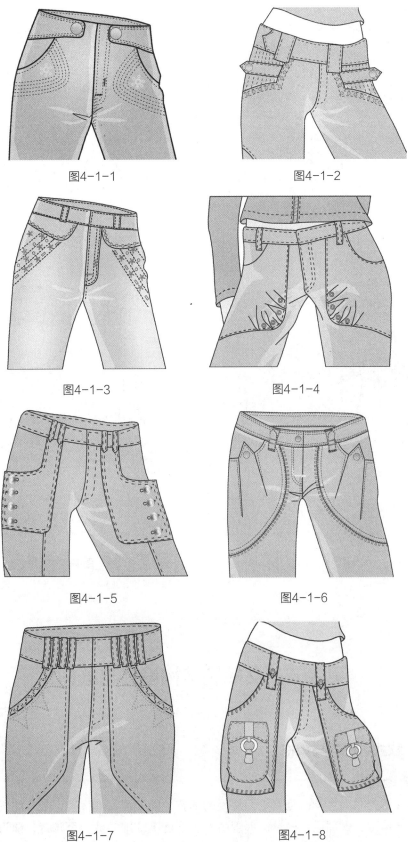

图4-1-1

图4-1-2

图4-1-3

图4-1-4

图4-1-5

图4-1-6

图4-1-7

图4-1-8

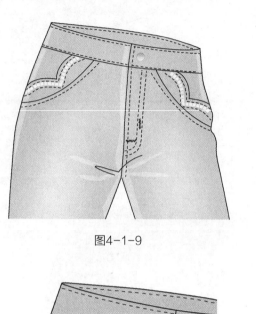

图4-1-9

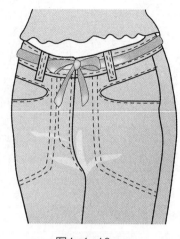

图4-1-10

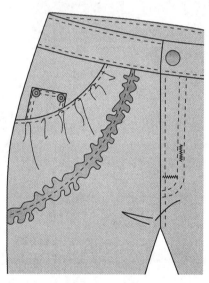

图4-1-11

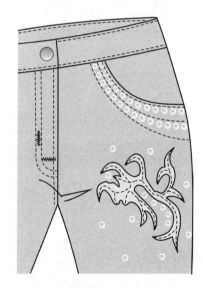

图4-1-12

# 第二节　女裤装结构设计与纸样

## 一、款式、面料与规格

### 1. 款式特点

　　合体女裤为时尚女裤，是女士们喜爱的裤款，能展现女性优美、端庄的气质。款式特点是合体造型，臀部适当松量，裤管由上至下逐渐变细，裤长至脚背，前设置半弧形挖袋，前开门、绱装门里襟拉链。合体女裤给人轻快、简便之感，如将裤长减短则可作为轻便的休闲裤、旅游裤。

**2. 面料**

　　合体女裤是基本裤型之一，根据季节和需求来确定面料的厚薄，根据设计需求来选择布料的性质，如呢绒、斜纹棉布、灯芯绒、粗天鹅绒、化纤面料以及具有一定弹性的混合面料等。用料：面料幅宽150 cm，用量110 cm。

**3. 规格设计**

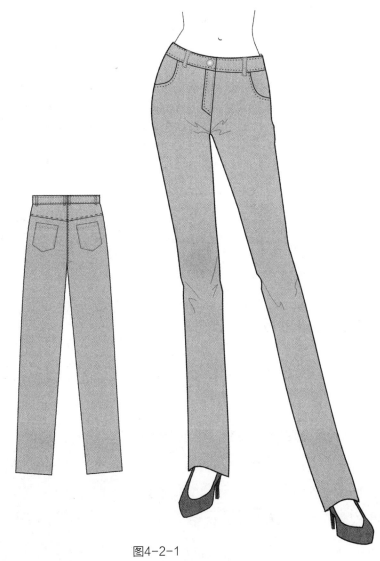

图4-2-1

**合体女裤规格表**　　　　　　　　　　　　　　单位：cm

| 号 型 | 名称 | 裤长<br>（TL） | 上档<br>（BR） | 腰围<br>（W） | 臀围<br>（H） | 中档<br>（KL） | 裤口<br>（SB） | 腰头高 |
|---|---|---|---|---|---|---|---|---|
| 160 / 68A | 实体尺寸 | 99 | 28 | 66 | 90 | / | / | 3 |
| | 成品尺寸 | 99 | 28 | 68 | 94 | 44 / 2=22 | 44 / 2=22 | 3 |

## 二、合体女裤结构制图

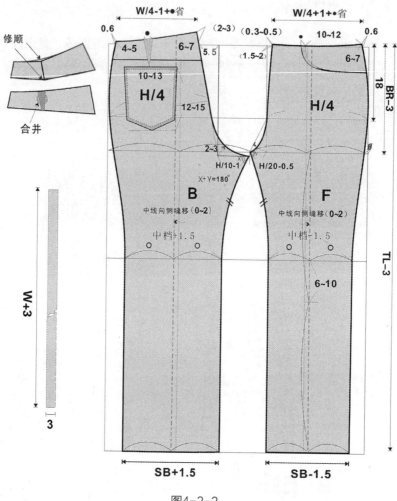

图4-2-2

## 三、合体女裤装的部件结构设计

### 1. 门、里襟裁剪图

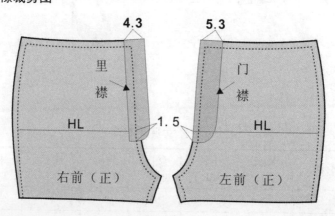

图4-2-3

## 2. 衬布、口袋布裁剪图（弯型口袋）

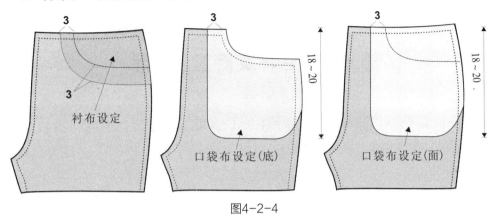

图4-2-4

## 四、合体女裤排料图

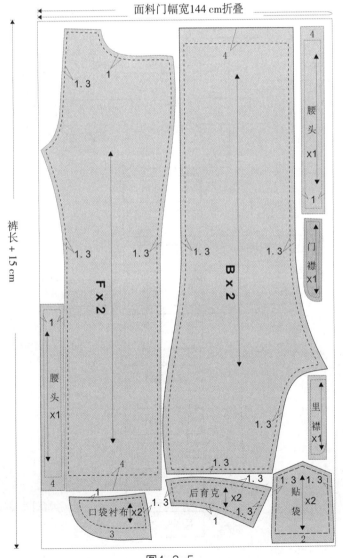

图4-2-5

# 第三节 合体女裤工艺流程

合体女裤的工艺缝制步骤基本上按图4-3-1所示的流程进行，如裤子有款式上的变化，则根据实际需要调整局部的工艺步骤。

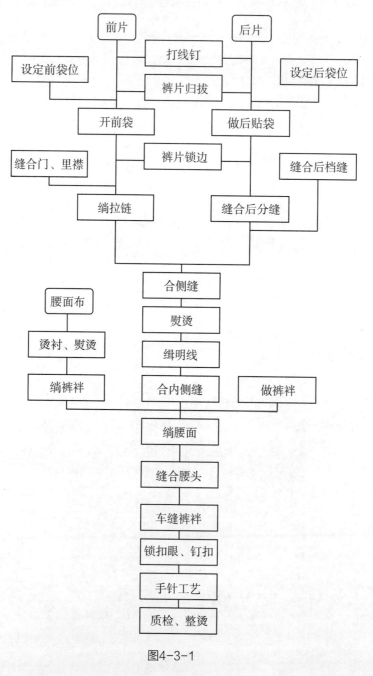

图4-3-1

# 第四节 合体女裤缝制工艺

## 主要工艺技法与步骤

### 1. 粘衬工艺

在腰面、门里襟等部件上配置黏合衬，并运用黏合机或熨斗进行粘衬工艺制作。

### 2. 弯型口袋工艺（见图4-4-1）

（1）将袋布固定在袋口处，0.8 cm车缝袋口，在袋口缝份（弧线位）剪口。

（2）把袋布向内翻，扣烫口袋。

（3）袋口缉明线（注意线迹的平衡与均等），将前斜袋口侧缝车缝固定在口袋布上，缉袋口明线，宽度按款式设定。

（4）把衬布车缝固定在第二片袋布上，将两片袋布对齐沿边缝合。

（5）固定袋口、侧缝，裤片锁边（除腰位线以外）。

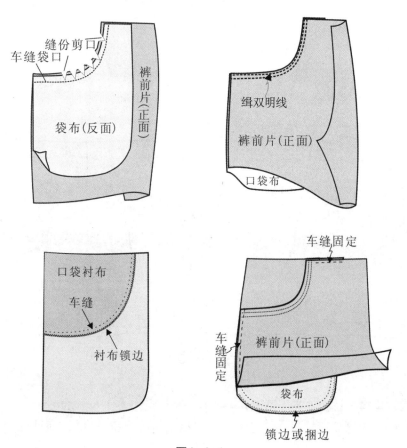

图4-4-1

## 3. 后贴袋与拼缝工艺（见图4-4-2）

（1）以后袋实样为基础，扣烫贴袋缝份，袋口缉明线。

提示：贴袋实样制作应减去面料厚度。

（2）将贴袋用珠针固定在袋位处，明线车缝。

提示：口袋造型与工艺可根据各种风格进行设计。

（3）将后育克与后裤片正面相对，按1 cm缝份车缝，缝份锁边、烫平，在正面缉明线。

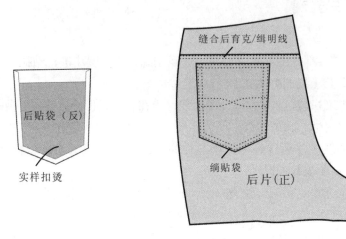

图4-4-2

## 4. 后档缝工艺（见图4-4-3）

将左右裤片正面对齐，按1 cm缝份车缝，注意左右育克分缝线对位，缝份锁边、烫平，在正面缉明线。

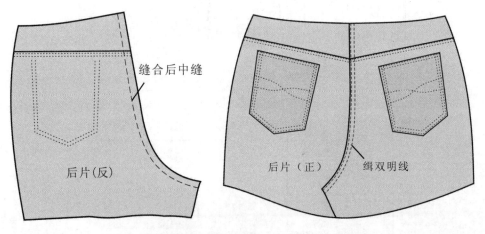

图4-4-3

## 5. 门、里襟与拉链工艺（见图4-4-4）

（1）门、里襟反面粘衬，门襟锁边，里襟沿折线对折，底部正面相对车缝、翻转烫平、锁边。

提示：用衬的厚度应根据面料厚度来设定。

（2）将拉链缝合在门襟上，将门襟与左裤片正面相对车缝，缉明线。

（3）把拉链与里襟合缝，右裤片按拉链长度扣烫缝份，注意拉链开口处缝份应小于腰位处0.3 cm。

（4）右前片与里襟合缝，按设计宽度缉（单、双）明线。

（5）门襟与左前片对合缉明线，车缝时让开里襟，缝合至开口底部时将里襟展平，最后将前位缉缝。

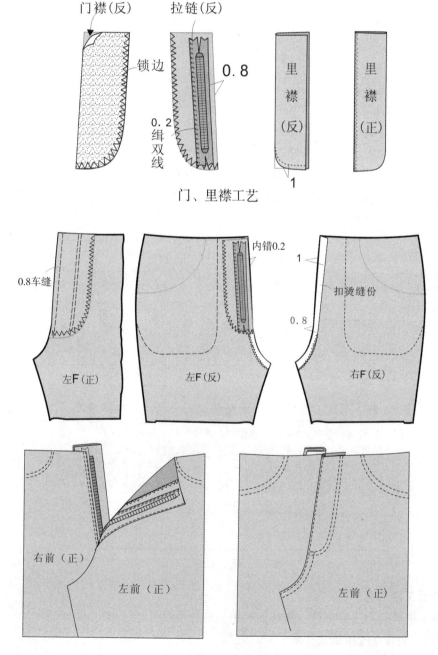

门、里襟工艺

图4-4-4

**6. 内外侧缝工艺（见图4-4-5）**

（1）将前后裤裤片外侧缝正面相
对，反面车缝（按设定的缝份），在面上
压缉缝。

提示：缉单、双明线，线的颜色、粗
细可按需要设定。

（2）将前后裤裤片内侧缝正面相
对，反面车缝（按设定的缝份），烫平。

**7. 裤衿、腰头工艺（见图4-4-6）**

（1）裤衿按设定的宽度单向锁边，
对折压缝。

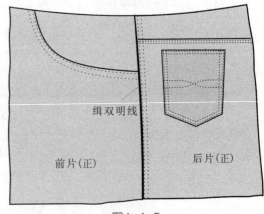

缉双明线

前片(正)          后片(正)

图4-4-5

提示：如1 cm完成的宽度应以3倍的展开面设定。

（2）将腰面反面粘衬（视面料的厚度而定），对折扣烫，将已完成好的裤衿车缝
固定在腰头的设定处，把腰面正面放在腰头的反面，沿净缝线车缝。

（3）腰头两端反向车缝，翻正烫平，正面压缉缝。

提示：在压缝时，由于多重面料厚度大，应用锥子送布。

（4）按裤衿的设定长度缝合裤衿。

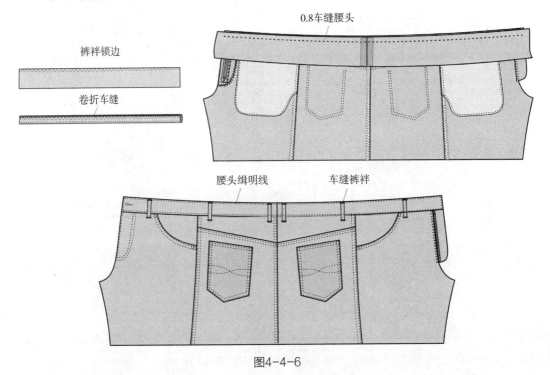

0.8车缝腰头

裤衿锁边

卷折车缝

腰头缉明线          车缝裤衿

图4-4-6

**8. 后工序工艺**

（1）把裤口扣烫后车缝，高档面料用三角针手针工艺。

提示：明线宽度按款式要求，左右对称。

（2）全面质检、锁扣眼、钉扣，最后整烫裤子。

# 第五节　男裤装结构设计与纸样

　　裤装是男性服装的重要组成部分，注重外观、内观的整体工艺，服装面料高档，辅料、配料的选材优良，工艺构成较复杂，熨烫和归拔工艺较讲究，服装的零部件较多，构成方法多样。因此，要缝制一条品质优良的西裤，必须精确裁制样板，结构造型要具有现代感，选择优良的辅料搭配，包括里料、腰衬、黏合衬、袋布、拉链等。只有从归拔熨烫工艺到车缝工艺相互配合运用，注重主要工艺的构成和缝制技法，才能缝制出一条高档次的裤子。

## 一、款式、面料与规格

### 1. 款式特点

　　裤装为正统西裤，是男士们喜爱的裤款，能展现男性端庄、大气的品质。西裤给人轻快、简便之感，此款式不受年龄和体型限制，穿着场合较广泛。款式特点是合体造型，有腰头，臀部适当松量，裤管由上至下逐渐变细，也可设计成直筒形，裤长至脚背下2 cm。前设斜形插袋，有双褶裥，前开门、绱装门里襟拉链，后双线挖袋，袋口装单纽扣。

### 2. 面料

　　西裤是裤装最基本的裤型，应根据季节和需求选择面料的厚薄，根据设计需求选择布料的材质，如呢绒、毛料、化纤面料以及各式时尚的混纺面料等。

　　用料：面料幅宽150 cm，用量120 cm。

### 3. 规格设计

图4-5-1

### 西裤规格表

单位：cm

| 号型 | 名称 | 裤长（TL） | 上档（BR） | 腰围（W） | 臀围（H） | 裤口（SB） | 腰头高 |
|---|---|---|---|---|---|---|---|
| 170/76A | 实体尺寸 | 102 | 28 | 74 | 90 | / | / |
| | 成品尺寸 | 102 | 28 | 76 | 102 | 44/2=22 | 4 |

## 二、男西裤结构制图

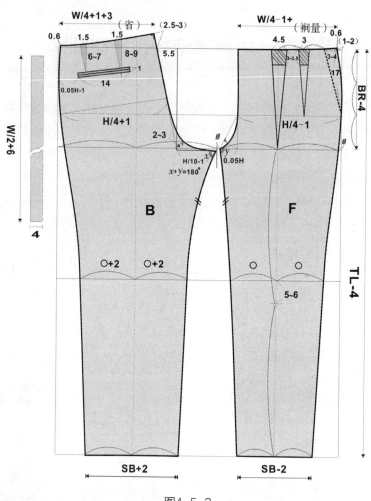

图4-5-2

## 三、男西裤的部件结构设计

### 1. 门、里襟裁剪图（见图4-5-3）

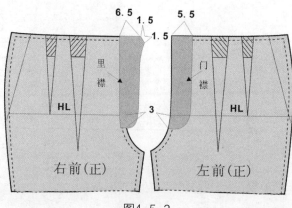

图4-5-3

2. 前后口袋布裁剪图（见图4-5-4）

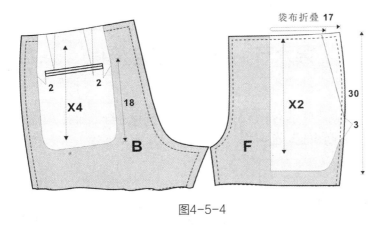

图4-5-4

## 四、男裤排料图

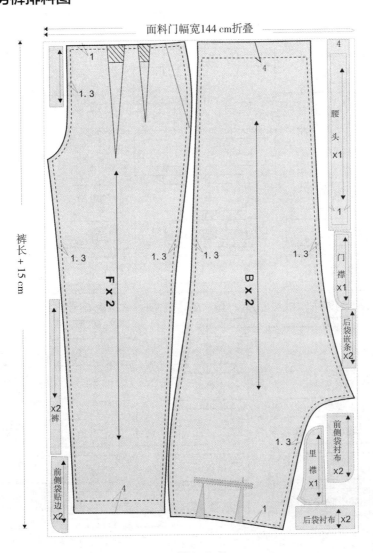

图4-5-5

# 第六节　男西裤工艺流程

男西裤的工艺缝制步骤基本上按图4-6-1所示的流程进行，如裤子有款式上的变化，则根据实际需要调整局部的工艺步骤。

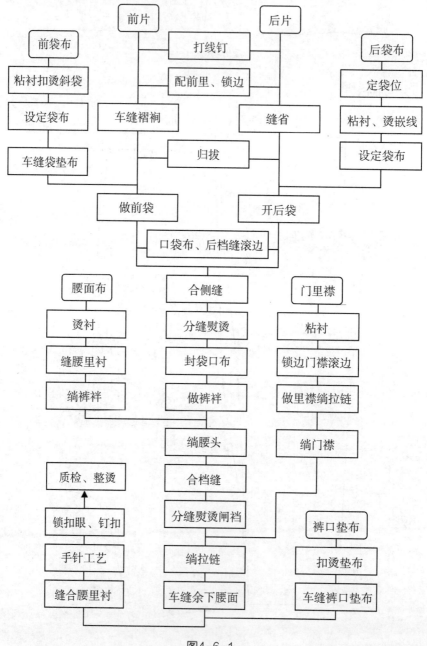

图4-6-1

# 第七节 男西裤缝制工艺

## 主要工艺技法与步骤

### 1. 打线钉、配粘衬、锁边工艺

在主要部位打线钉，配粘衬，裤边锁边（除腰头外）。

### 2. 车缝前褶裥、后省、归拔工艺

归拔主要用于后裤片的臀位以及中档位，因为人体的此处弧线起伏较大，归拔时应注意相应的温度以及熨烫的压力、时间，掌握熨斗的方向规律，用力要有轻重（见图4-7-1）。

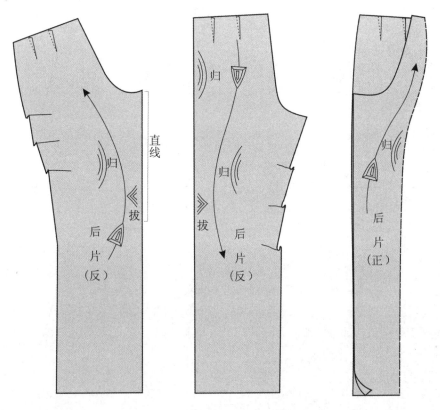

图4-7-1

### 3. 双嵌线口袋工艺（见图4-7-2）

（1）根据人体工学原理，在后腰臀间设置双线后袋（左右片各一个），在反面粘衬开口处，衬布宽比口袋宽两边长2 cm、高约2 cm，粘衬时应把裤片放在烫包上，这样粘衬后裤片能保持原有的弧型。

（2）扣烫嵌布1.5 cm，用画粉定出上下嵌线的宽度0.4~0.5 cm，以袋嵌线宽1/2为准。

（3）按设定袋口的弧线，将袋布固定在底面袋口处，先车缝下嵌线，再缝上嵌线，沿嵌线0.5 cm跟着袋口弧线走，略吃进裤片。

提示：由于面料有一定厚度，因此嵌线中端略加大0.1 cm嵌宽，完成后嵌线的宽窄相等。

在车缝上下嵌线的同时应注意车缝线的上下宽度相等，两端长短并齐，在袋口两端回车。

嵌线的宽度应比完成的宽度略宽0.1 cm。

（4）沿袋口中线剪开口，袋口两端剪三角，注意不要剪断线端。

（5）将嵌线向裤片的反面翻入，并车缝固定三角位，略熨烫袋口。

（6）将垫袋布车缝固定在第二片口袋布上，并车缝下嵌线至第一片口袋布上，沿边0.8 cm处缝合两片口袋布，在袋口内车缝固定袋口。

（7）捆口袋布边并把口袋布上端与腰位车缝固定。

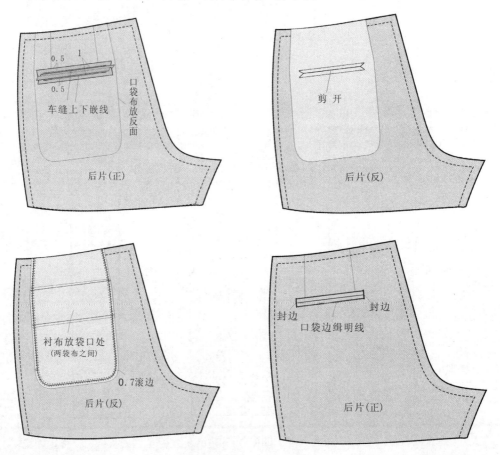

图4-7-2

### 4. 前斜形插袋工艺（见图4-7-3）

（1）将口袋布贴扦条固定，把衣片斜袋位和里子用双面粘衬黏合，减小厚度并防止袋口斜丝拉长。

（2）在斜袋下端距侧缝净样0.1 cm处剪口，并扣烫斜袋线位。

（3）将前斜袋口侧缝车缝固定在口袋布上，缉袋口明线，宽度由款式确定。

（4）如需用加强斜袋口的装饰，可设置0.3 cm直丝嵌条（根据嵌线的宽度减少裤片斜袋的同等量），缉0.15 cm明线将嵌条和裤片缝合。

（5）把垫袋布车缝固定在第二片口袋布上，将两片口袋布对齐沿边缝合。

（6）将两端袋口回车固定，假缝固定口袋布上端与前片腰位。

（7）距净样0.1 cm处车缝边引线为侧缝做记号，并把垫袋布与片固定（注：第二片口袋布不要固定缝合）。

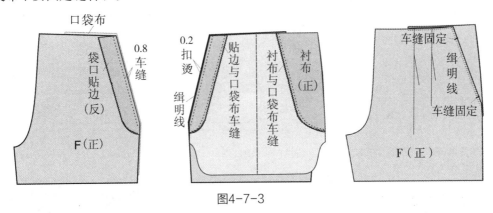

图4-7-3

### 5. 侧缝工艺（见图4-7-4）

（1）将前后裤片对齐横裆线、中裆线及裤口，让开第二片口袋布缝合。

提示：车缝到斜袋口处，缝线应距引线0.1 cm以内车缝。

（2）熨烫侧缝、扣烫袋布、缉明线固定口袋布在后片侧缝份处。

（3）在前袋口下端打回针缝固定。

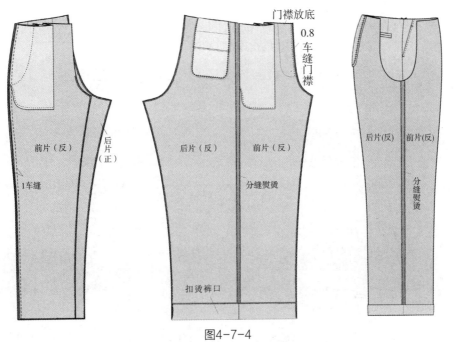

图4-7-4

#### 6. 门、里襟工艺

（1）门、里襟粘衬，里襟、门襟捆边。

（2）将门襟缝在左裤片拉链位。

（3）将里襟与衬布按造型车缝外端，熨烫造型，并把拉链与里襟合缝。

#### 7. 裤袢、腰头工艺（见图4-7-5）

（1）将腰面粘树脂硬衬，选择优质防滑腰里，将腰里缝合在腰面的上端（距硬衬0.6 cm处），扣烫腰头。

（2）将已完成的裤攀车缝固定在裤腰的设定处。

（3）分别沿树脂硬衬0.15 cm处合缝腰头与左右裤片，距前门襟处余留7 cm暂不车缝。

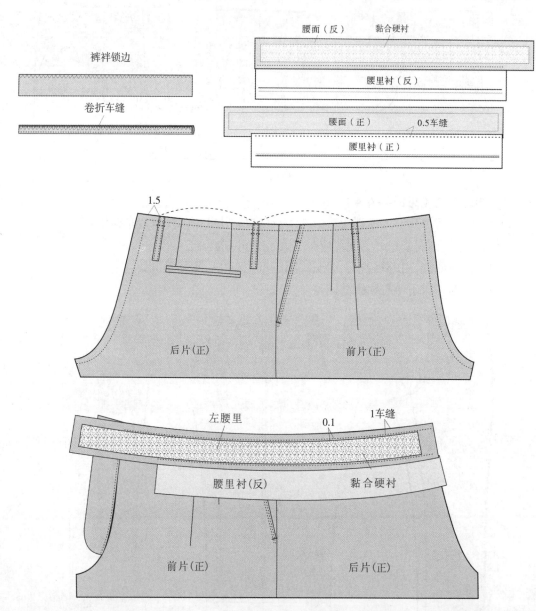

图4-7-5

8. 绱拉链（见图4-7-6）

（1）双线合缝前后裆缝至拉链开口处，裆缝分缝并闸裆。

（2）将里襟的拉链边与右裤片缝合，拉链下端要让出0.2 cm的重叠位。

（3）用线假缝拉链口的重叠位及门襟，沿拉链边缝合门襟。

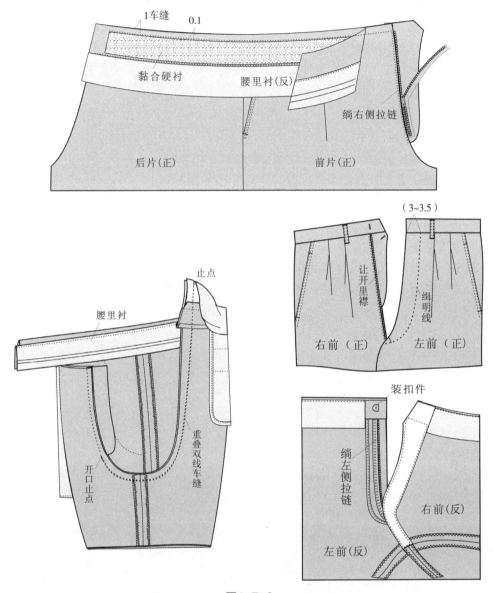

图4-7-6

9. 后工序工艺

（1）将两侧剩余的腰头与裤片合缝，完成左右腰头及里襟衬的合缝，用手针固定腰里衬。

（2）将裤襻车缝固定，把后脚跟布扣烫后车缝后裤口的完成线上。

（3）用手针工艺完成裤脚口等局部工艺。

（4）全面质检、锁扣眼、钉扣，最后整烫裤子。

## 本章小结

1. 学习男女裤装工艺的运用方法，熟悉各部位的缝制技巧。

2. 了解男女裤装工艺的主要特点，在实践中体会裤装工艺的精髓。

3. 通过样裤的缝制，找出裤子在结构板型与工艺水平方面的不足，进行修正。

4. 通过对工艺设计基础的学习，对裤装进行有针对性的工艺处理，融入现代工艺手段，提升裤装的整体设计水平。

5. 以设计为理念，以实践为体会，灵活应用，掌握男女裤装的工艺技术。

## 思考与练习

1. 女裤装工艺的基本特征是什么？

2. 男女裤装的板型设计特点是什么？

3. 女裤弯袋工艺特点是什么？男裤腰头工艺特点是什么？

4. 现代裤装的工艺设计特点有哪些？

5. 男女裤装的缝制工艺特点、工艺流程特点有哪些？

6. 根据裤装的教学要求，结合市场流行元素，组成3～6人的小组式学习团队，展开裤装的系列设计、工艺设计和制作。

7. 总结裤装工艺的学习心得，编制裤装工艺设计手册。

（1）要求。

以PPT的形式展示裤装工艺设计手册。

（2）内容。

内容包括款式设计图、板型设计图、工艺设计特点、面料与辅料小样、工艺流程表、主要工艺特点和最终成型效果等。

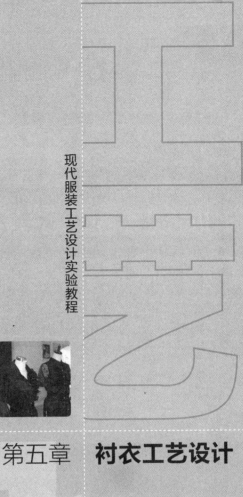

现代服装工艺设计实验教程

第五章　　衬衣工艺设计

[学习目标]

本章从衬衣的整体工艺到部件工艺入手，在了解衬衣工艺缝制的基础上，运用工艺设计的手段，提高工艺的成型能力和创新能力，在实践中掌握面料与工艺、工艺与技巧的应用能力，以及工艺品质的控制能力，不断提高综合实践能力。

[能力设计]

（1）在充分理解衬衣缝制原理的基础上，提高衬衣结构制图与缝制的应用能力，达到板型时尚、缝制设计合理、缝制品质优良的要求。

（2）根据衬衣款式设计的限定，把现代工艺元素融入衬衣的制作中，利用设备能力、手工创作和装饰辅料等，着重对口袋、领子、分割线等部位进行综合实践与创作。

[教学重点]

衬衣缝制工艺技巧与工艺设计的要素。

[教学难点]

工艺设计以及面料、辅料、板型设计综合应用能力的培养。

# 第一节　衬衣工艺设计知识

衬衣是人们最常穿着的服装之一，其款式主要呈现翻领特征。男女衬衣可分为紧身式以及松身式，衬衣既可作内衣也可当外衣，短袖衬衣一般用于夏季，长袖衬衣则四季皆可穿。衬衣的基本结构：一般由前后衣片、衣袖、衣领等组合而成。其品种款式变化繁多，随着流行趋势的发展，不断有新颖款式问世，女衬衣款式的变化尤为显著，其工艺特点也不断更新。因此，在衬衣的制作基础上，应把时尚流行的工艺元素、工艺特点，有机地融入衬衣的整体工艺设计中，使衬衣从单纯的工艺缝制变成具有设计形式与意念的创作，如在工艺中运用有特色的缉线工艺、装饰工艺、花边工艺、绣花工艺、钉珠工艺等。

图5-1-1

图5-1-2

图5-1-3

图5-1-4

图5-1-5

图5-1-6

图5-1-7

图5-1-8

图5-1-9

图5-1-10

图5-1-11

图5-1-12

图5-1-13

图5-1-14

# 第二节 女衬衣结构设计与纸样

## 一、款式、面料与规格

### 1. 款式特点

合体女衬衣属经典衬衣款式，适合各个层次的女性穿着。款式特点为收省合体型衬衣领，前片设腋下省和腰省，开襟6粒纽，后片收腰省，下摆呈圆弧造型，袖口收碎褶裥，袖衩可设滚边袖衩或贴边袖衩。

### 2. 面料

合体女衬衣面料选用范围比较广，全棉、亚麻、化纤、混纺等薄型面料，如纯棉、麻、平布、色织、提花布、牛津布、条格平布及各式时装面料等均可采用。

用料：面料幅宽114 cm，用量165 cm；面料幅宽144 cm，用量120 cm；黏合衬幅宽114 cm，用量50 cm。

### 3. 规格设计

图5-2-1

### 合体女衬衣规格表

单位：cm

| 号型 | 部位 | 衣长（L） | 胸围（B） | 腰围（W） | 臀围（H） | 肩宽（S） | 袖长（SL） | 袖口宽/宽 |
|---|---|---|---|---|---|---|---|---|
| 160/68A | 实体尺寸 | 55 | 84 | 66 | 90 | / | / | / |
| | 成品尺寸 | 55 | 92 | 76 | 98 | 38 | 55 | 23/4 |

## 二、合体女衬衣结构制图

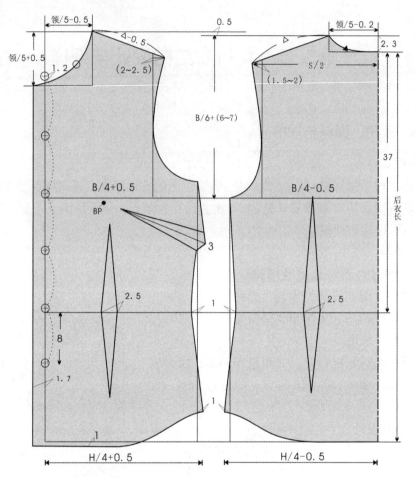

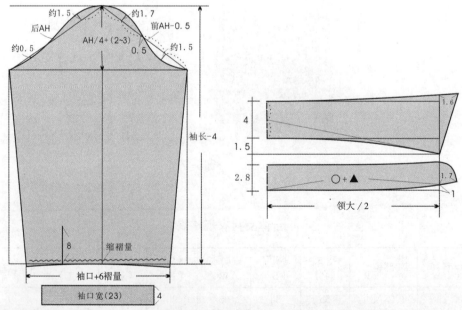

图5-2-2

## 三、合体女衬衣排料图

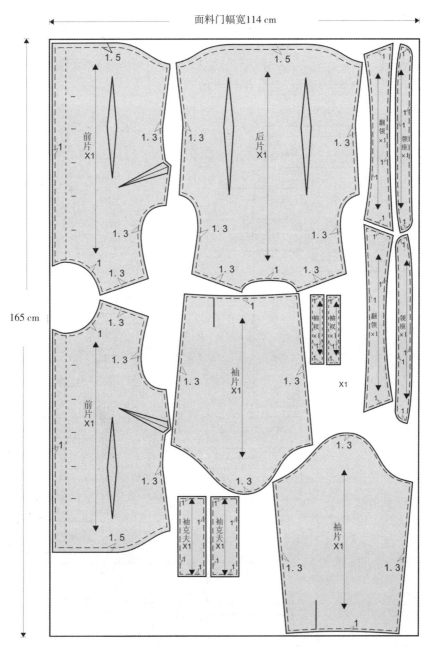

图5-2-3

# 第三节　合体女衬衣工艺流程

合体女衬衣的工艺缝制步骤基本上按图5-3-1所示的流程进行，如衬衣有款式上的变化，则根据实际需要调整局部的工艺步骤。

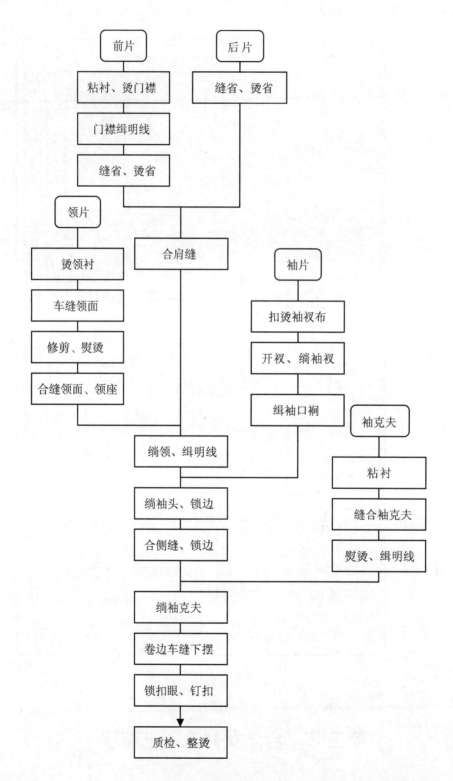

图5-3-1

# 第四节　合体女衬衣缝制工艺

## 主要工艺技法与步骤

### 1. 门襟、省缝工艺（见图5-4-1）

做门襟关键是粘衬后熨烫整型要精确，缝合时注意线要直且线距均匀。缝省要注意缝线准确，左右对称，熨烫平伏。

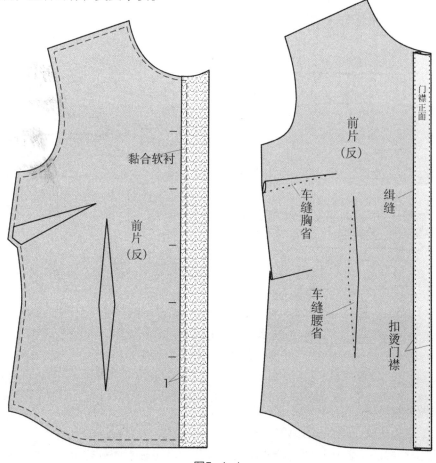

黏合软衬

前片（反）

前片（反）

车缝胸省

车缝腰省

门襟正面

缉缝

扣烫门襟

图5-4-1

### 2. 合肩缝、做领子（见图5-4-2）

（1）将前后肩缝面对面沿净缝线车缝，分缝或单向倒缝熨烫。

提示：由于肩缝是斜丝纱向，因此在缝合时要避免拉长。

（2）粘衬：将领面、领座黏合优质有纺衬，要注意控制熨斗的温度，使之与衬的黏合湿度相符，也可利用黏合机黏合。

（3）修领子：修剪领子底面使之比领面小0.2 cm。

（4）缝领面：离领面净样边0.1～0.2 cm（根据布料厚度而定）车缝一周，在领尖处将面层多出的量吃进，领尖端处采用横针车缝，修剪缝份（领尖缝份0.2～0.3 cm），反领烫平后缉明线。

（5）绱领座：先扣烫领座底边的缝份、缉明线0.7 cm，定中点位和两端领口位，在内缝合领面与领座。翻正烫平并缉明线0.15 cm至领口，扣烫领座底边的另一片缝份。

**3. 绱领子（见图5-4-3）**

（1）将已缝合好的过肩前后片定后中点位和肩位与领座底边固定。

（2）沿领座扣缝边（衣片领圈在底）车缝。

提示：在衣身的前领围位吃进0.2 cm，而衣身后领圈吃进0.2 cm，完成后立领更能挺拔且无皱纹。

（3）领座缉明线一周，与原有的折领处明线相连。

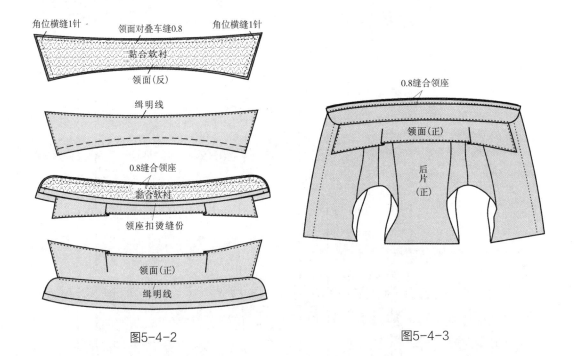

图5-4-2　　　　　　　　　　　　　　　　　图5-4-3

**4. 做袖衩**

（1）滚边袖衩（见图5-4-4）。

①设定袖衩的位置和长度，沿开衩长度剪开。设定袖衩条硬样板，按样扣烫袖衩条和袖衩面（宝剑头），熨烫要工整、美观。

②滚边条按袖衩长度的2倍，宽度按完成宽度的4倍对折扣烫。

提示：滚边条底面应大于正面0.1 cm，保持车缝时上下一致。

③将滚边条沿袖衩开口处缝合。

提示：袖衩转折位的缝份在0.2～0.3 cm处。

④最后在袖衩转折位45°车缝滚边条。

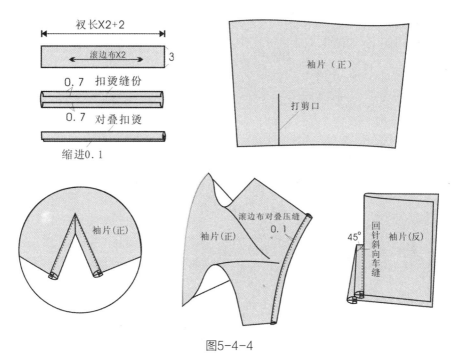

图5-4-4

（2）贴边袖衩（见图5-4-5）。

①设定袖衩的位置和长度。

②贴边布按袖衩长度加3 cm，宽度按衩中线两边加3 cm，粘薄衬、锁边。

③将贴边布固定在袖衩开口处，沿开口处车缝一圈，沿中线剪开。

提示：在袖衩开口处车缝宽度为0.5～0.7 cm，剪位处要剪到位。

④把贴边布翻折扣烫，缉明线。

提示：贴边布向内烫入0.1 cm，以防止底边外露。

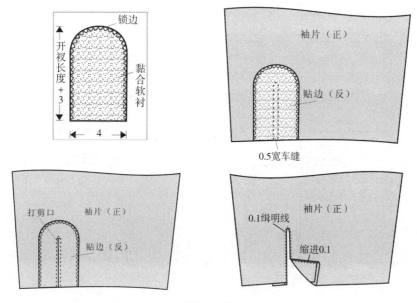

图5-4-5

**5．绱袖子、合侧缝（见图5-4-6）**

（1）将袖山正面与衣身正面对齐，沿净缝线车缝，缝份锁边（可缉明线）。

（2）将袖子与衣身正面对齐，沿净缝线车缝，缝份锁边（可缉明线）。

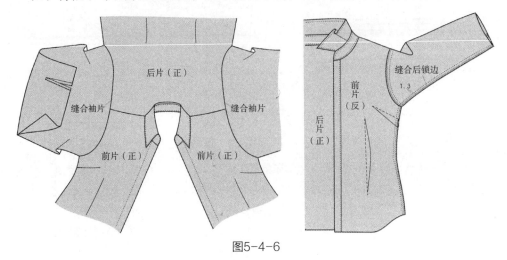

图5-4-6

**6．做袖克夫、上袖口（见图5-4-7）**

（1）完成上袖和缝合侧缝后，将袖口褶位固定。

（2）在袖克夫反面粘衬，扣烫袖克夫底边。

（3）将袖克夫两端车缝，缝份应加进面料的厚度，以保证完成后的宽度符合设定的要求。

（4）把袖克夫翻正后熨烫。

（5）将袖口按袖克夫的长度缩褶，然后将袖克夫底面缝份对齐袖口的反面，沿边车缝，斜剪两端缝份，翻正后在袖克夫面缉压明线一周。

提示：在袖口处缝合时利用锥子送布以防止底、面不均匀。

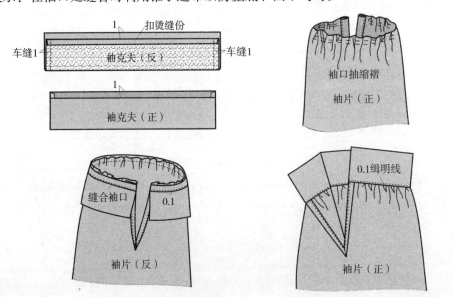

图5-4-7

**7. 后工序工艺**

（1）把衬衣下摆扣烫后车缝或直接折双0.5 cm卷缝。

提示：明线宽度均等，弧线缉缝要注意工艺技巧。

（2）全面质检、锁扣眼、钉扣，最后整烫衬衫。

# 第五节 男衬衣结构设计与纸样

## 一、款式、面料与规格

### 1. 款式特点

图5-5-1所示的衬衣属经典衬衣款式，适合各个层次的男性穿着。款式特点呈现传统的衬衣领型，左胸贴袋，开襟7粒纽，后片设置育克，下摆呈圆弧造型，袖口收两个褶裥，宝剑头袖衩，装袖头，钉一粒纽。

男衬衣注重装饰性、时尚性，工艺较为考究，注重体现领子、袖克夫等工艺的优良性、精确性，工艺要求必须达到耐洗、耐磨、挺拔不变形。因此，从选材、配辅料和工艺设计构成方面都应考虑周全，特别是在局部的工艺处理上既要缝制精确又要巧妙运用，更要灵活掌握工艺顺序和熨烫工艺，这样才能缝制出一件品质高档的时尚衬衣。

### 2. 面料

男衬衫面料选择面比较广，全棉、亚麻、化纤、混纺等薄型面料，如纯棉、麻、平布、色织、提花布、牛津布、条格平布等均可采用。

用料：面料幅宽114 cm，用量200 cm；面料幅宽144 cm，用量150 cm；黏合衬幅宽114 cm，用量50 cm。

### 3. 规格设计

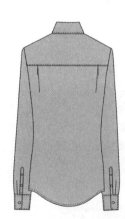

图5-5-1

### 男衬衣规格表

单位：cm

| 号型 | 名称 | 衣长（L） | 胸围（B） | 肩宽（S） | 袖长（SL） | 袖克夫长/高 | 领长 |
|---|---|---|---|---|---|---|---|
| 170／88A | 实体尺寸 | 76 | 88 | 44 | 58 | / | / |
|  | 成品尺寸 | 76 | 110 | 48 | 58 | 25／6 | 40 |

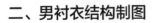

## 二、男衬衣结构制图

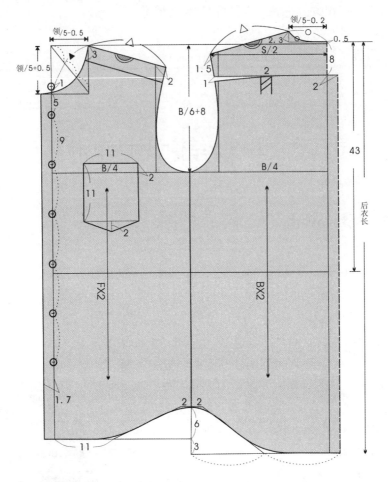

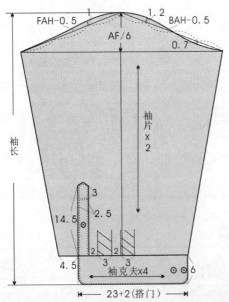

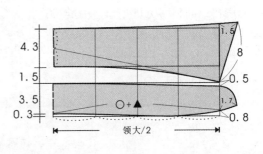

图5-5-2

## 三、男衬衣排料图

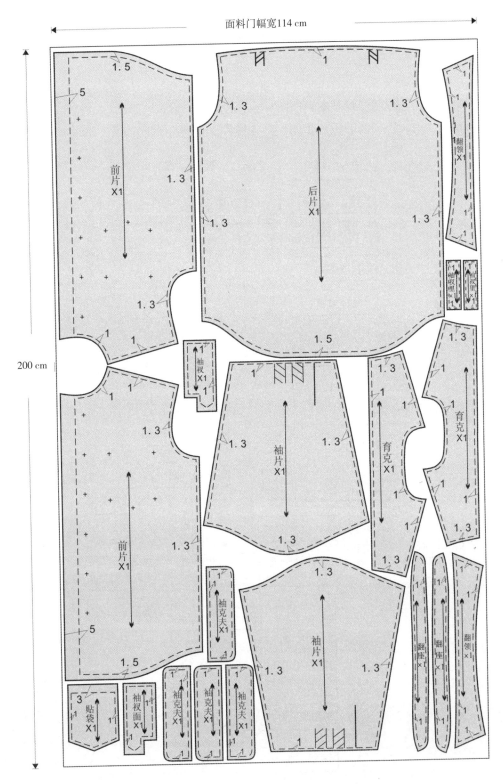

图5-5-3

# 第六节  男衬衣工艺流程

男衬衣的工艺缝制步骤基本上按图5-6-1所示的流程进行，如衬衣有款式上的变化，则根据实际需要调整局部的工艺步骤。

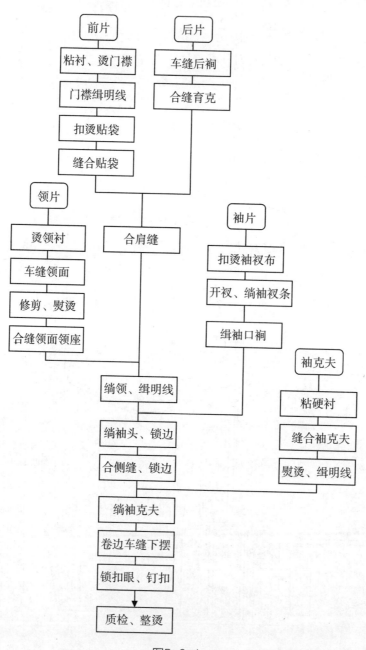

图5-6-1

# 第七节　男衬衣缝制工艺

## 主要工艺技法与步骤

### 1. 门襟、口袋（见图5-7-1）

做门襟、口袋的关键是粘衬后熨烫整型要精确，口袋要用模板（实样）熨烫整型，缝合时注意线要直且线距均匀，绱口袋要用大头针定位后缝合。

提示：口袋的实样应减去模板的厚度。

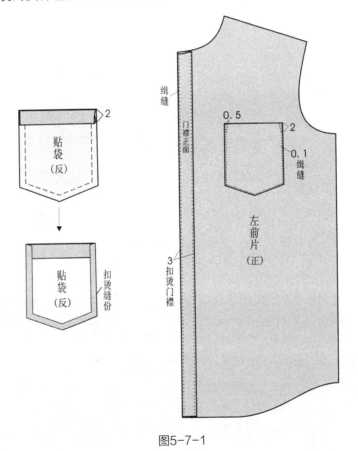

图5-7-1

### 2. 缝育克、合肩缝（见图5-7-2）

（1）把育克正面相对，将后片放在中间（先做好后褶），沿净缝车缝，面缉明线。

（2）将缝好的后片折卷到育克肩缝线，把前片左右折卷后放在育克肩缝中间缝合，面缉明线。

提示：注意左右衣片和后衣片是否在同一个面上。

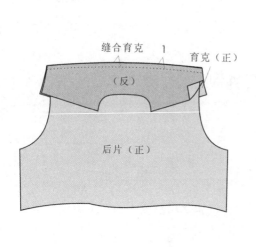

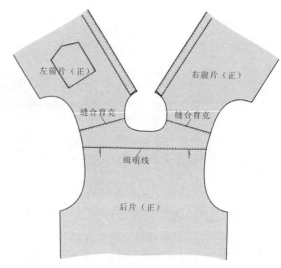

图5-7-2

### 3. 做领子（见图5-7-3）

（1）选择优质树脂硬衬，领面两端还可再加粘一层加强衬，注意领面、领座衬的净样与缝份的裁剪方法。

（2）粘衬：将领面、领座黏合树脂硬衬。

提示：要注意控制熨斗或粘衬机的温度与衬的黏合湿度相符。

（3）修领子：修剪领子底面，使之比领面小0.2 cm。

（4）缝领面：离领净样0.1～0.2 cm处（根据衬的厚度）车缝一周，在领尖处将面层多出的量吃进，领尖端处采用横针车缝，修剪缝份（领尖缝份0.2～0.3 cm），翻领烫平后缉明线。

（5）绱领座：先扣烫领座底边的缝份，缉明线0.7 cm，定中点位和两端领口位，在内侧缝合领面与领座。翻正烫平并缉明线0.15 cm至领口，扣烫领座底边的另一片缝份。

图5-7-3

### 4. 绱领子（见图5-7-4）

（1）将已缝合好的过肩前后片定后中点位和肩位与领座底边固定。

（2）沿领座扣缝边（衣片领圈在底）车缝，注意在衣身的前领围位吃进0.2 cm，而衣身后领圈吃进0.2 cm，完成后立领能更挺拔且无皱纹。

（3）领座缉明线一周，与原有的折领处明线相连。

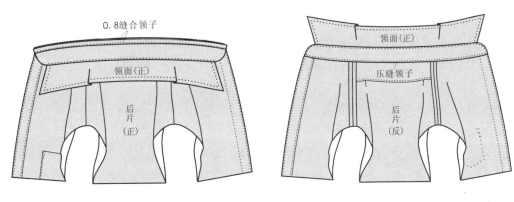

图5-7-4

### 5. 做袖衩面（见图5-7-5）

（1）设定袖衩条硬样板，按样扣烫袖衩条和袖衩面（宝剑头），熨烫要工整、美观。

（2）按设定长度剪开袖衩口，离剪口1~1.5 cm处剪三角位。

（3）将袖衩条缝合在开口处（分清左右）缉压明线，然后将宝剑头的扣烫缝份车缝在袖口的另一边，把三角位与袖衩条及宝剑头的底面车缝固定，最后在宝剑头面处缉压明线，离三角位开口0.5 cm处压一道明线，使开口处更牢固。

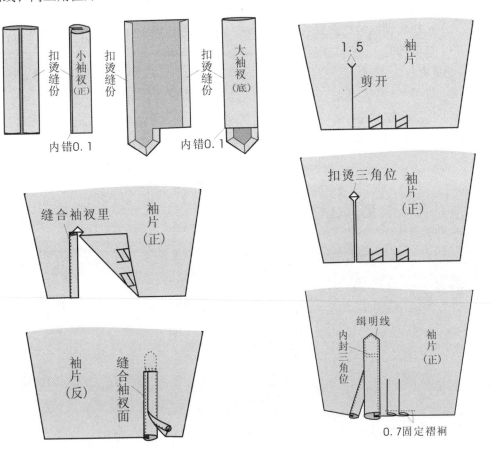

图5-7-5

**6. 绱袖子、合侧缝（见图5-7-6）**

（1）将袖山正面与衣身正面对齐，沿净缝线车缝，缝份锁边（可缉明线）。

（2）将袖子与衣身正面对齐，沿净缝线车缝，缝份锁边（可缉明线）。

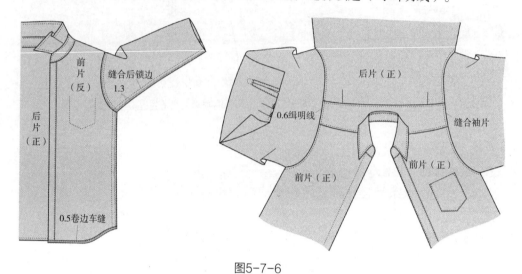

图5-7-6

**7. 做袖克夫、绱袖口（见图5-7-7）**

（1）完成上袖和缝合侧缝后，将袖口褶位固定。

（2）粘树脂硬衬袖克夫面的反面（净样），扣烫袖克夫底边，缉压明线0.8 cm。

（3）修剪袖克夫底片，底片比面片小0.2 cm，沿树脂硬衬0.1 cm处车缝一周，两端圆角位吃进面片。

（4）修剪两端圆角位缝份至0.2～0.3 cm，翻正后熨烫并扣烫袖克夫底片缝份。

（5）将底片扣烫处与袖口缝合、斜剪两端缝份，翻正后在袖克夫面缉压明线一周。

提示：在袖口处缝合时利用镊子送布以防止底、面不均匀。

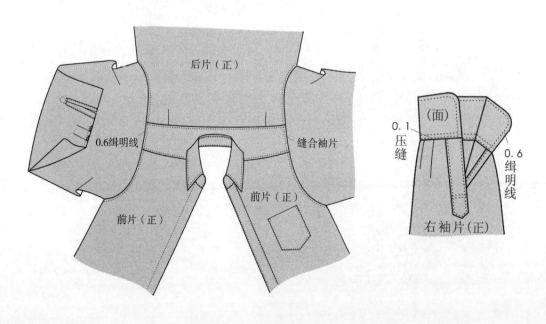

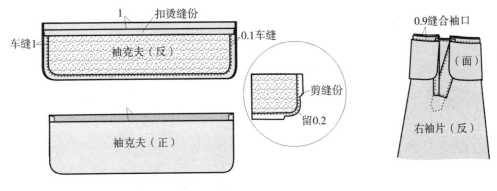

图5-7-7

### 8. 后工序工艺

（1）把衬衣下摆扣烫后车缝或直接折双0.5 cm卷缝。

提示：明线宽度均等，弧线绲缝要注意工艺技巧。

（2）全面质检、锁扣眼、钉扣，最后整烫衬衫。

## 本章小结

1. 学习男女衬衣工艺的运用方法，熟悉各部位的缝制技巧。

2. 了解男女衬衣工艺的主要特点，在实践中体会领子工艺的精髓。

3. 通过样衣的缝制，找出衬衣在结构板型与工艺水平方面的不足，进行修正。

4. 通过对工艺设计基础的学习，对衬衣进行有针对性的工艺处理，融入现代工艺手段，提升衬衣整体的工艺设计水平。

5. 以设计为理念，以实践为体会，灵活应用，掌握男女衬衣的工艺技术。

## 思考与练习

1. 女衬衣领部工艺的基本特征是什么？

2. 男衬衣领部工艺的基本特征是什么？

3. 袖衩工艺形式有几种，各自有什么特点？

4. 现代衬衣的工艺设计特点有哪些？

5. 男女衬衣的工艺特点有什么区别？

6. 根据衬衣的教学要求，结合市场流行元素，组成3～6人的小组式学习团队，开展衬衣的系列设计、工艺设计和制作。

7. 总结衬衣工艺的学习心得，编制衬衣工艺设计手册。

（1）要求。

以PPT的形式展示衬衣工艺设计手册。

（2）内容。

内容包括款式设计图、板型设计图、工艺设计特点、面料与辅料小样、工艺流程表、主要工艺特点和最终的成型效果等。

现代服装工艺设计实验教程

第六章　旗袍工艺设计

[**学习目标**]

在旗袍传统工艺的基础上，结合现代工艺设计的方法，了解旗袍工艺的特点，学会镶嵌工艺的方法和技艺，掌握立领工艺的技术与运用，培养传统工艺与现代工艺的应用能力，提高中式服装工艺设计的整体水平。

[**能力设计**]

（1）在充分理解旗袍的结构与缝制原理的基础上，培养旗袍工艺的应用能力，达到板型时尚、缝制工艺合理、制作品质优良的要求。

（2）根据旗袍款式设计的限定，在掌握传统工艺的基础上，融入现代工艺元素，利用设备能力、手工创作和装饰辅料等，着重对门襟、领子、裙衩等部位进行综合的实践与创作。

[**教学重点**]

旗袍传统工艺的技巧与现代工艺设计的应用。

[**教学难点**]

工艺设计品质以及面料、辅料、板型设计综合应用能力的培养。

# 第一节　旗袍工艺设计知识

## 一、旗袍款式介绍

旗袍是传统的中式服装，具有优美的衣着效果。旗袍的款式变化多种多样，其装饰手法丰富，也融入了许多现代的工艺手段，成为现代女性追逐的时尚。旗袍款式的变化主要在于领形、袖形和襟形等。领形变化主要在于高低、大小连翻领等；袖形变化主要体现在长短、无袖、连袖和装饰袖等；襟形款式有圆襟、方襟、直襟等。

## 二、工艺特点

旗袍的缝制一向被视为高难度的工艺，尤其是盘、滚、镶、嵌等传统技艺更是令人眼花缭乱。

图6-1-1

图6-1-2

图6-1-3

图6-1-4

图6-1-5

图6-1-6

图6-1-7

图6-1-8

图6-1-9

图6-1-10

# 第二节 旗袍结构设计与纸样

## 一、款式、面料与规格

### 1. 款式特点

旗袍是我国经典的服装款式，具有高贵、典雅的传统美感，适合有品位的女性穿着。款式特点为连衣贴体、高领，领型有传统领和时装领，前片设腋下省和腰省，侧开襟，装饰盘扣，后片收腰省，下摆两侧设置裙衩。在袖型上，旗袍有无袖、短袖、中袖和长袖之分。随着现代工艺的融入，旗袍深受女士们的喜爱。

## 2．面料

选用花素全棉府绸或涤棉细布制作的旗袍，既朴素又大方；选用小花、素格、细条丝绸制作的旗袍，可表现温柔、稳重的风格；选用织锦缎、丝绸、丝绒制作的旗袍，是迎宾、赴宴最华贵的服装。

旗袍面料选用纯棉细布、提花布、丝棉、香芸纱、各式丝绸面料及混纺面料均可。

用料：面料幅宽114 cm，用量210 cm；面料幅宽144 cm，用量170 cm。

## 3．规格设计

图6-2-1

合体旗袍规格表

单位：cm

| 号型 | 名称 | 裙长（SKL） | 胸围（B） | 腰围（W） | 臀围（H） | 领围（N） | 肩宽（S） | 袖长（SL） | 袖口（CW） |
|---|---|---|---|---|---|---|---|---|---|
| 160／68A | 实体尺寸 | 55 | 84 | 66 | 90 | 35 | 38 | / | / |
| | 成品尺寸 | 55 | 88 | 72 | 94 | 37 | 38 | 54 | 23／4 |

# 二、旗袍结构制图

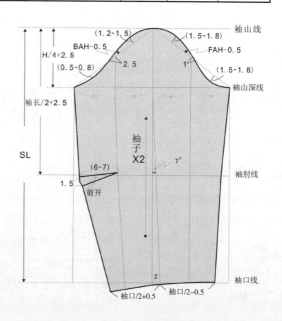

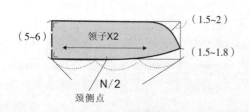

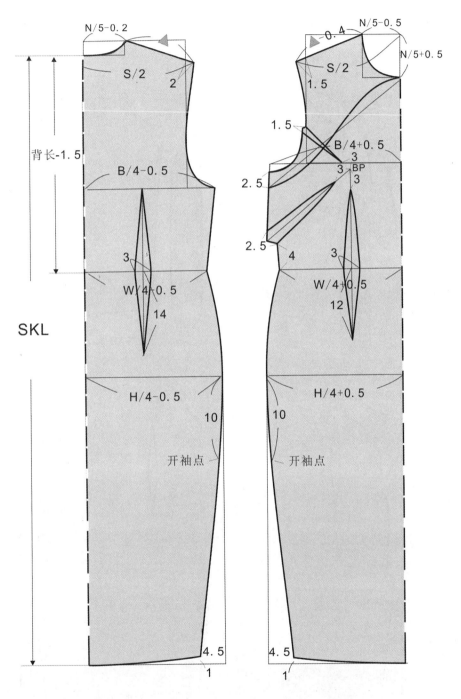

N/5-0.2
S/2
2
背长-1.5
B/4-0.5
3
W/4-0.5
14
SKL
H/4-0.5
10
开袖点
4.5
1

N/5-0.5
-0.4
S/2
N/5+0.5
1.5
1.5
B/4+0.5
3
3 BP
3
2.5
2.5
4
3
W/4+0.5
12
H/4+0.5
10
开袖点
4.5
1

图6-2-2

## 三、旗袍排料图

### 1. 面料排料图（见图6-2-3）

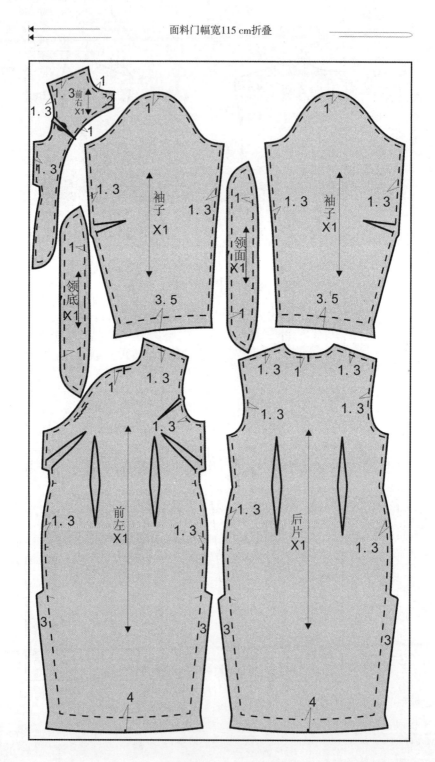

图6-2-3

## 2. 里料排料图（见图6-2-4）

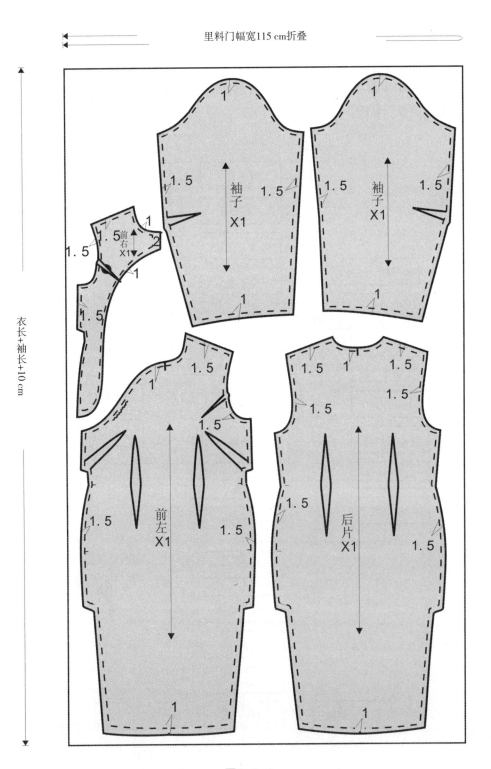

图6-2-4

# 第三节　旗袍工艺流程

　　旗袍工艺缝制步骤基本上按图6-3-1所示的流程进行，如旗袍有款式上的变化，则根据实际需要调整局部的工艺步骤。

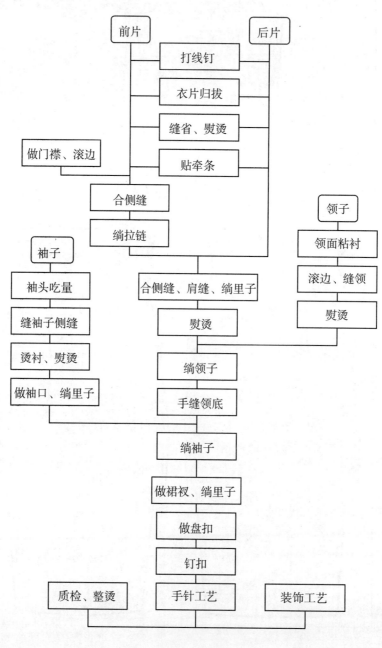

图6-3-1

# 第四节　旗袍缝制工艺

## 主要工艺技法与步骤

### 1. 锁边

将旗袍小肩线、侧缝线、底襟止口线、袖底缝用同类色线锁边。

提示：此工艺用于没有里子的旗袍或容易散口的面料。

### 2. 打线钉

打线钉的部位有前、后片省位，臀围线，腰节，开襟止点，腋下省，绱领点，后领中缝，袖山顶点，袖肘省等。

提示：注意打线钉时上下两片衣料要完全吻合。

### 3. 缉省缝、扣烫

（1）按照打好的线钉缉省缝，缉缝省尖位延长0.8 cm，不缝回针，留10 cm线头，手工打结。

（2）省缝熨烫有两种方法：一是省道向中心线方向扣倒熨烫；二是将省道分开向两边熨烫。腰省中间拔开，使省缝平服，不起吊。

提示：不能喷水的面料进行干烫，前片腋下省向上烫倒或分烫。

### 4. 归拔前、后衣片（见图6-4-1）

（1）归拔前衣片。

对于腹部突出的体型，需在腹部区域拔出一定的弧度，注意操作时需在胸部垫一块垫布。

（2）归拔后衣片。

拔开侧缝及中心线的腰部区域，并配合体型的要求拔出背部曲线。整体归拔处理时，在后背相关部位用大头针固定后，通过腰臀部位的归拔使衣片符合人体的自然状态。

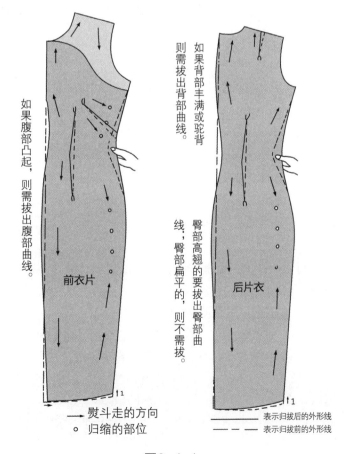

图6-4-1

### 5. 贴牵条（见图6-4-2）

（1）给归拔好的前、后衣片贴牵条，使归拔好的衣片外形曲线定型。

（2）牵条的布料需要直纹，约1～1.2 cm宽，在贴牵条之前，先将牵条在转弯的位置剪若干个剪口，以便转弯；后衣片的牵条贴在左右两侧缝位上，在拉链开口侧缝贴牵条时，牵条应长于摆缝衩位5 cm。

提示：给旗袍贴牵条时要使左右两边对称，以免旗袍两侧不一样。

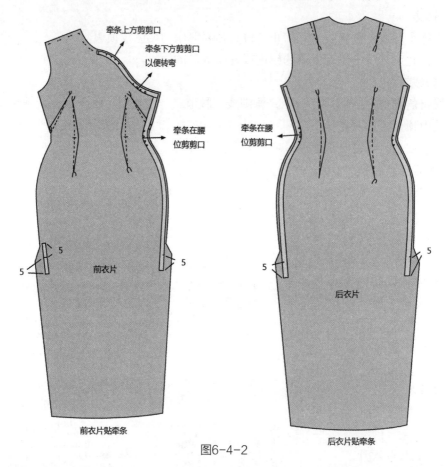

图6-4-2

### 6. 合侧缝

将开拉链的一侧缝按前、后片正面相对缝合，留出装拉链的长度和裙衩长度，分缝熨烫。

### 7. 绱拉链（见图6-4-3）

（1）选择质量好的隐形拉链，长度要比开口的长度长2～3 cm。

（2）在衣片上按照做缝的印记确定拉链位置。

（3）将拉链的反面与后衣片的正面对齐，利用拉链专用压脚（隐形压脚），按净缝线从上到下车缝拉链到开口处（预留空隙0.5 cm）。将拉链拉合，在另一端用画粉每隔3～4 cm做左右平衡的标记，然后从上到下按标记车缝拉链另一端在前衣片侧缝（预留空隙0.5 cm）。

（4）从底端反面拉出拉链，小烫正面拉链口。

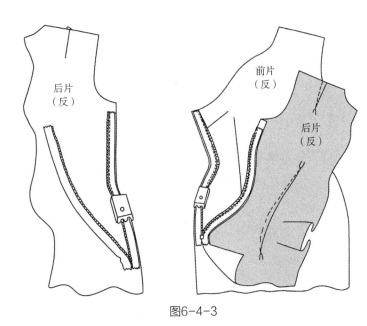

图6-4-3

### 8. 做底襟

将底襟止口按预留的缝份扣净，用三角针缲缝固定。

### 9. 缝合肩缝、侧缝

（1）将前、后片正面相对，前、后分肩线对齐，按净缝线缉缝，后分肩线略有吃势，缝合后分缝熨烫。

提示：在车缝时注意不要拉长肩线。

（2）缝合旗袍前、后片侧缝至开衩止点，缝合时对准前、后片对位点，侧缝分缝熨烫。

### 10. 做里子、绱里子（见图6-4-4）

（1）将里子按衣片的量缝省，合肩缝、侧缝（留出装拉链的长度和开衩的长度），熨烫。

（2）把里子用缲缝针法固定在拉链处，用平缝针法固定在门襟位。

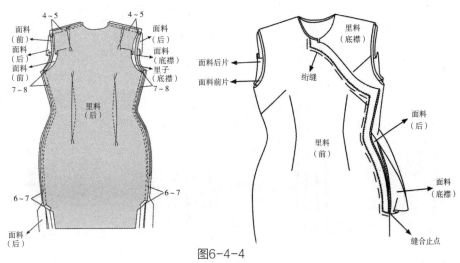

图6-4-4

### 11. 做门襟、滚边工艺

（1）将面里料门襟沿线车缝，要求在接近BP点上和人体胸上凹位处略有吃势。

（2）将正45°斜边布在衣片正面按设定的宽度车缝，翻正熨烫，在反面用缲缝针法固定滚条。

提示：门襟工艺可应用滚边、滚绳、装饰等工艺设计，既可单一应用，又可综合运用，应根据领部、裙衩的工艺设计而定。

### 12. 做裙衩与下摆、绱里子（见图6-4-5）

熨烫裙衩与下摆，固定摆缝的面、里布，将已折烫好的摆缝衩里布覆在面布摆缝衩位上，铺平衣片，各位置对准确定，然后用绗缝将面布、里布开衩位折边固定，再用缲针把面布、里布的开衩位缲牢、固定。

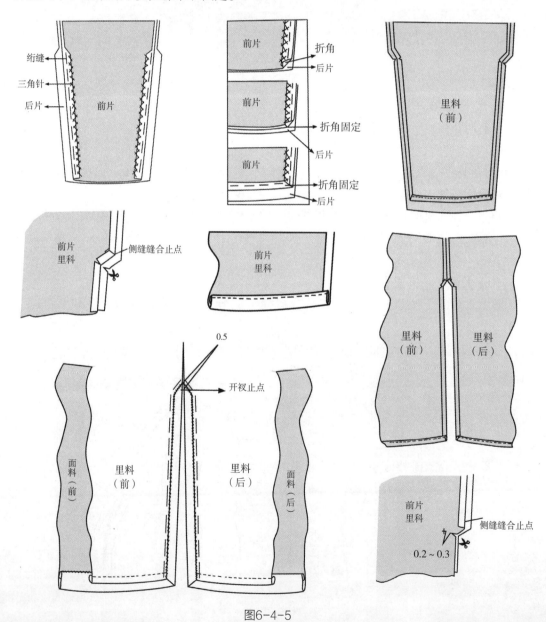

图6-4-5

### 13. 做领子（见图6-4-6）

（1）将一片无缝份的实样树脂领衬放在领面的反面黏合，然后将领面上端剪去缝份，用正45°斜边布在衣片正面按设定的宽度车缝，翻正熨烫。

提示：滚边翻正后不能出现起皱现象，正面要平伏。领部工艺可应用滚边、滚绳、装饰等工艺设计。

（2）扣烫领面下端缝份，将领里和领面正面相对，对齐止口边，沿着树脂领衬外口边向外0.1 cm的位置缉缝，头尾要回针。缉缝后把两领片的缝份修剪剩0.5 ~ 0.7 cm。在缉缝时，领里的两个圆角要略拉紧些。

（3）将领里、领面的正面翻向外侧，让领面比领里让出0.1 ~ 0.2 cm，并烫平。

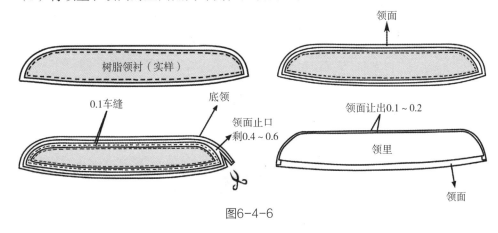

图6-4-6

### 14. 绱领子（见图6-4-7）

（1）领子放在衣片上，领面与衣片的正面相对，将领面的领下口与双层衣片领窝对齐，缝合。

提示：绱领子时领中间的剪口位对准衣片领窝后中的剪口位，以免出现偏领现象。

（2）将领里折向衣身的里布，把领窝的止口覆盖住，在领口下角与衣身缝合的转角处不能出现止口露出的现象。然后再用缲针将领里的领下口边与衣身的领窝缲牢。

提示：完成后，领面、领里要平伏。

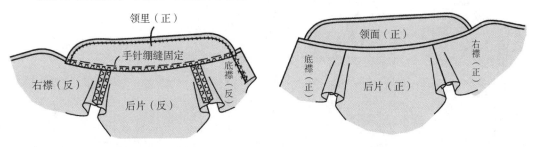

图6-4-7

### 15. 做袖子（见图6-4-8）

（1）先缝袖子面布、里子的肘省，缝制方法及质量要求与缉衣身省道工艺相同。

（2）将省道缝头向上折烫，并在前、后袖缝的肘位上进行归拔，前袖缝进行拔烫，后袖缝进行归烫。

（3）收袖山（缩容袖山），袖山周长应比袖窿周长长1～1.5 cm，在袖山的止口内绵两道缝线（车缝线迹调大一些），可将长出的尺寸容缩，使袖山周长与袖窿周长相等。

提示：也可用45°斜边带条缩容的方法，将带条沿袖山弧度拉一圈，绵在袖山缝份内，车缝时将带条拉紧，使袖山容缩1～1.5 cm。

（4）将袖片的衣片、里子两侧面对面对齐，分别沿净缝线绵缝，分缝熨烫。

提示：缝侧缝时袖缝在下，前袖缝在上，将后袖缝中段（肘部位）稍容缩一些，使做好的袖子弯度与胳膊弯度相符。

（5）熨烫袖缝止口，按一定的宽度折烫袖口折边。

（6）将袖口面布与袖口里布缝合，先把袖口面布套入袖口里布，两袖口对齐毛边，对准面、里两袖缝位，然后沿袖口毛边绵缝。注意前、后袖的里布应与前、后袖的面料相对应。

（7）固定里、面袖，将袖里布覆在袖面布上，对齐袖缝，里布袖口毛边与面布袖口光边对齐，然后把面布、里布两袖缝止口缝合，袖圈底下7～8 cm、袖口边上7～8 cm的位置不固定。

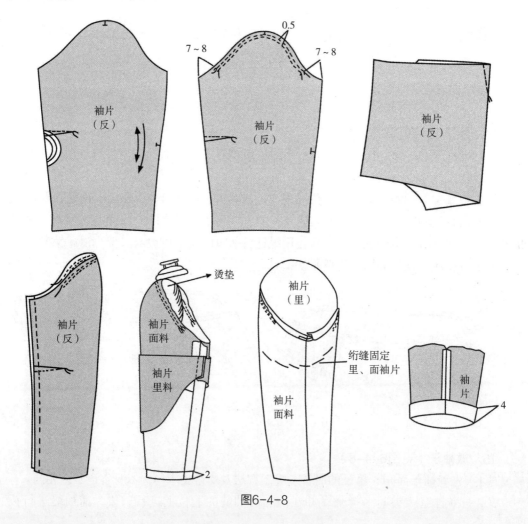

图6-4-8

　　**16. 绱袖（见图6-4-9）**

　　（1）将衣片袖山套入衣片衣身的袖窿内，袖山顶的剪口（扼位）与衣身的肩缝对齐，袖缝与衣身的摆缝对齐，然后叠齐袖山与袖窿的缝份边，沿袖窿圈缉缝。

　　提示：缉缝时要将里布袖窿掀开。

　　（2）袖子面布与衣身面布缝合后，把衣身里布的袖窿与面布的袖窿止口边叠齐，对准肩缝和摆缝，然后用绗缝将袖窿里布与面布暂时固定。

　　（3）将袖山里布折边1 cm，然后用大头针把袖山里布暂时与袖窿里布固定，用手针缲缝袖山里布与衣身袖窿。

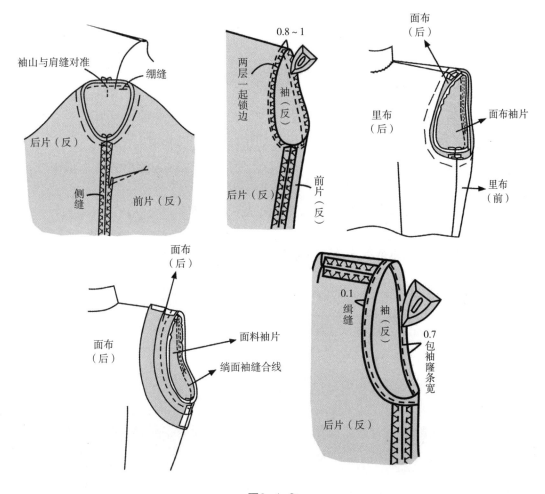

图6-4-9

　　**17. 后工序工艺**

　　（1）手工制作盘扣，装钉在门襟、领口等位置。

　　（2）在门襟、领口等位置钉子母扣，加强牢固度。

　　（3）手针工艺、装饰工艺。

　　（4）旗袍整烫工艺。

## 本章小结

1. 学习旗袍工艺的缝制方法，熟悉各部位的缝制技巧。

2. 了解旗袍工艺的主要特点，在实践中体会传统工艺的精髓。

3. 通过样衣的缝制，找出旗袍在结构板型与工艺水平方面的不足，进行修正。

4. 通过对现代工艺设计基础的学习，融入现代工艺技术，提升旗袍整体的工艺设计水平。

5. 以设计为理念，以实践为体会，灵活应用，掌握旗袍的工艺技术。

## 思考与练习

1. 旗袍领型工艺的基本特征是什么？

2. 镶嵌工艺的要素和特点是什么？

3. 现代工艺设计的方法有哪些？

4. 旗袍工艺流程的特点是什么？

5. 盘扣具有哪些工艺特点？

6. 旗袍裙衩工艺特点是什么？如何绱好裙里？

7. 根据旗袍的教学要求，结合市场流行元素，组成3～6人的小组式学习团队，展开旗袍的系列设计、工艺设计和制作。

8. 总结旗袍工艺的学习心得，编制旗袍工艺设计手册。

（1）要求。

以PPT的形式展示旗袍工艺设计手册。

（2）内容。

内容包括款式设计图、板型设计图、工艺设计特点、面料与辅料小样、工艺流程表、主要工艺特点和最终成型效果等。

第七章　外套工艺设计

**［学习目标］**

外套工艺设计是服装工艺中较复杂的部分，本章主要通过对外套工艺中的门襟工艺、驳领工艺和袖部工艺的学习，了解主要工艺的缝制特点，把握整体工艺，把时装工艺设计的原理运用到具体的工艺设计中，逐步掌握男女外套工艺设计的精髓。

**［能力设计］**

（1）充分理解外套的缝制工艺原理，培养男女外套结构制图与缝制的实践能力，达到板型与人体相符、缝制设定合理、缝制品质优良的要求。

（2）根据外套款式设计的限定，分别把现代工艺元素融入外套的设计，利用设备功能、手工创作和装饰辅料等，着重对驳领、口袋、分割线等部位进行综合的实践与创作。

**［教学重点］**

西服工艺设计的技巧与现代工艺设计的应用。

**［教学难点］**

西服工艺设计品质以及面料、辅料、板型设计综合应用能力的培养。

外套中西服工艺设计的变化较复杂，主要体现在驳领工艺和口袋工艺的结构变化上。其形式有平驳领结构工艺、枪驳领结构工艺、青果领结构工艺和时装领结构工艺等。传统型的西服具有袖衩工艺、后片单开衩和双开衩工艺；口袋有手巾袋工艺，单、双嵌线挖袋工艺和贴袋工艺等。在整体结构造型有贴体型、较贴体型和宽松型等，采用半配里、全配里和无里布工艺。

工艺构成主要表现在简做与精做两种。简做工艺主要强调外观上的美观效果；精做工艺主要表现在内外工艺精湛，在胸片上有效运用高档的衬料，体现出挺拔、美观的效果。在实践应用中，有衣片与里子各自完成后再合缝的"大反法"，也有各个局部完成较正后合缝的"合成法"。

因此，缝制前应根据面料的特性、款式工艺特点和工艺品质要求等，制订合适的缝制方案。选择里料要根据面料成分和档次，选用衬料应考虑面料的厚薄，利用高级衬料来辅助面料进行造型。在胸部造型缝制中应运用定位法，注重女西服中公主线和胸部的吃势及归拔工艺等，使成型后的造型能体现出女性的柔美；在男西服中应把握挺拔的整体工艺，表现出男性的刚毅。

现代先进工艺对传统的西服制作进行了改进和创新。在保持西服固有风格的基础上对衬料及设备进行了更新，例如，用工艺操作简便、挺阔性好的黏合衬代替树脂衬和白布，利用先进的整烫设备对成品进行热缩定型，取代了手工操作的"推归拔"烫，使成品具有轻、薄、软、挺等特点，穿着时有全新的感觉。另外，在传统工艺的基础上还应融入时尚工艺元素，使西服符合现代人的审美和追求。

# 第一节　女西服结构设计与纸样

## 一、款式、面料与规格

时尚型合体女西服是经典的服装款式,是白领职业女性在工作中首选的服装,外形端庄大方,简洁明快。女西服的结构设计重点是驳领、腰部省道或分缝线,以及两片合体袖的处理。样板设计基于女装原型。

### 1. 款式特点

单排扣平驳领女西服是四开身结构,采用前后片分割的造型处理,胸省和腰省转移在分缝线上,具有优美的弧线造型,三扣设计,贴袋工艺,两片合体袖。服装合体含蓄,呈现时尚的美感。

### 2. 面料

该款女西服面料选择范围比较广。高档型可选用毛料,毛与化纤混纺、交织等面料。时尚型可采用棉、麻精纺、混纺和时装型面料。

### 3. 用料

面料幅宽144~150 cm,用量140 cm;里料幅宽115 cm,用量160 cm;里料幅宽144 cm,用量130 cm;薄衬:贴边、领面、里领座、后背、下摆、袖口、口袋,幅宽100 cm,用量90 cm。

### 4. 规格设计

图7-1-1

**女西服规格表**

单位:cm

| 号型 | 名称 | 后衣长（L） | 胸围（B） | 腰围（W） | 臀围（H） | 肩宽（S） | 袖长（SL） | 袖口（CW） |
|---|---|---|---|---|---|---|---|---|
| 160/68A | 实体尺寸 | 38（背长） | 84 | 66 | 90 | 38 | / | / |
| | 成品尺寸 | 58 | 96 | 78 | 100 | 39 | 55 | 24 |

## 二、合体女西服结构制图

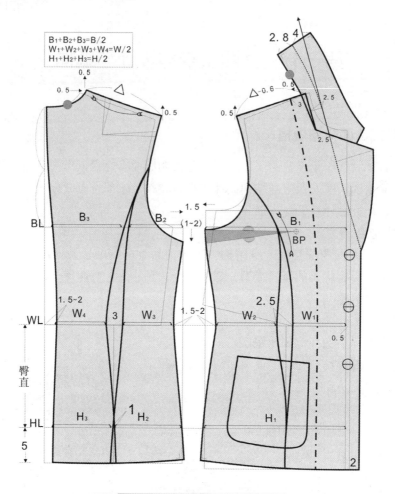

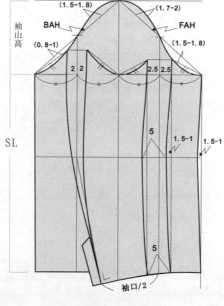

图7-1-2

## 三、女西服排料图

### 1. 面料排料图（见图7-1-3）

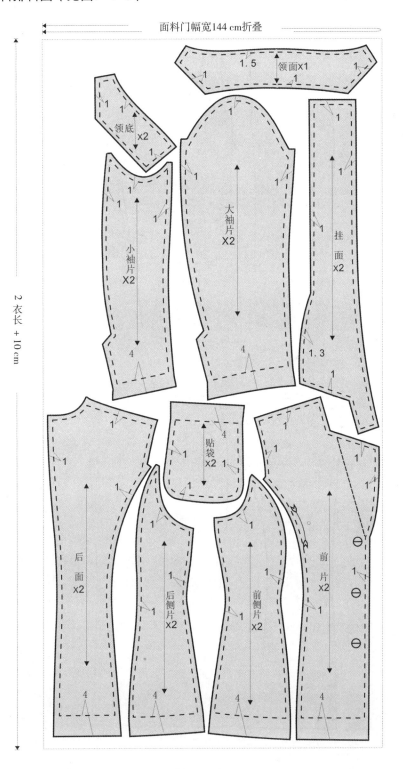

图7-1-3

2. 里料排料图（见图7-1-4）

里料门幅宽115 cm折叠

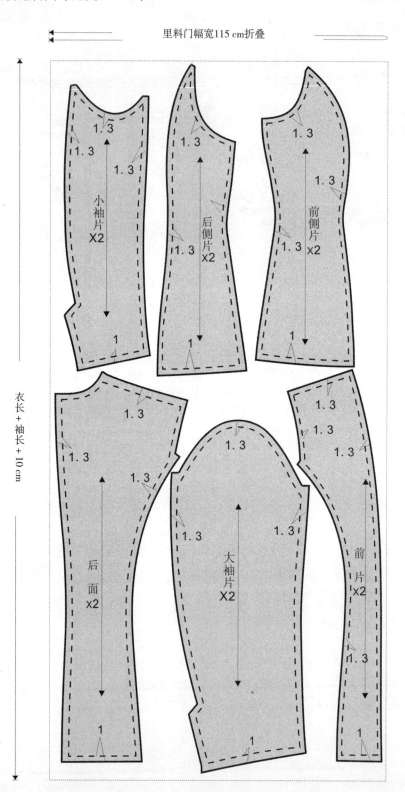

衣长 + 袖长 + 10 cm

图7-1-4

# 第二节 女西服工艺流程

女西服工艺缝制步骤基本上按图7-2-1所示的流程进行，如女西服有款式上的变化，则根据实际需要调整局部的工艺步骤。

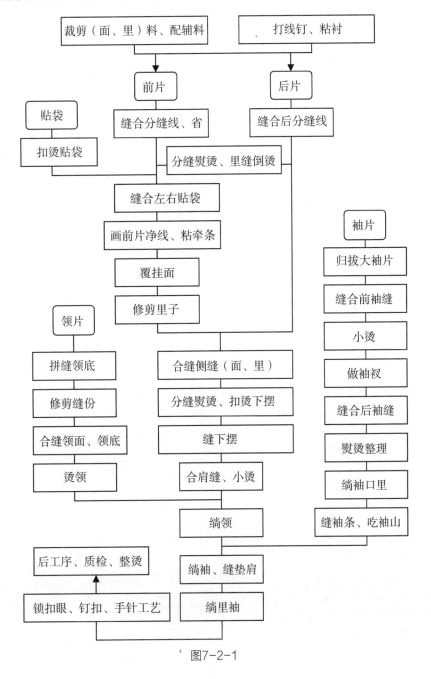

图7-2-1

# 第三节 女西服缝制工艺

## 主要工艺技法与步骤

### 1. 归拔衣片、粘衬

在前、后衣片及袖片上用熨斗进行工艺归拔，在衣片、领面等所需部位进行粘衬。

### 2. 缝合分缝线（面、里）（见图7-3-1）

缝合前、后分缝线，在BP点处稍加归缩，使胸部产生一定的凸量或两片车缝时略吃进前片BP点处4～5 cm，分缝熨烫，前、后片归拔，扣烫底边，里布缝份一侧倒。

提示：归拔前片时应把凸出的量归拔在BP点上，以达到符合人体形态的目的。

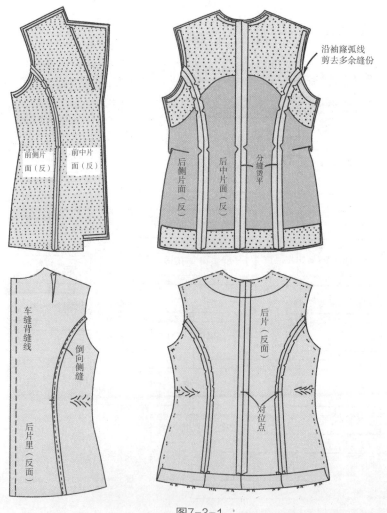

图7-3-1

### 3. 做贴袋、绱口袋（见图7-3-2）

（1）在贴袋缝份边0.5 cm处沿袋边圆角绲缝一道线，留出线头抽拉紧角位，使翻过来的缝份紧贴袋边。将贴袋实样放在口袋布中进行扣烫整型，袋口绲明线。

提示：①贴袋实样应减去厚度，这样扣烫出来的长宽才能保持一致。

②注意袋角位应达到圆顺、服帖，不能出皱折。

（2）将扣烫好的贴袋分别用珠针固定在袋口处，按设定的宽度沿边缝合。

提示：固定贴袋时要略带松量，应符合人体的弧线造型，使口袋呈立体形态。

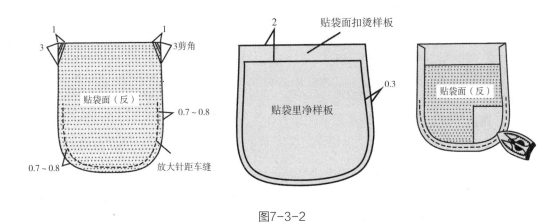

图7-3-2

### 4. 粘牵条、覆挂面、绱里子（见图7-3-3）

（1）画出前止口线、领口线及驳领线，距前止口线0.2 cm处粘牵条，在驳领线外绱0.5 cm平行粘牵条，牵条要略拉紧。

（2）挂面与里布缝合，缝份单侧倒向扣烫。

（3）将挂面与前片并齐，从驳领处车缝至下摆，注意挂面领口前片拐角处略吃大身。

（4）修剪和扣烫缝份并翻挂面熨烫（领口拐角处不能倒吐）。

（5）扣烫前大身下摆并修剪里布。

（6）缝合前、后面片、侧缝及肩缝，分缝烫平（里布倒缝烫）。

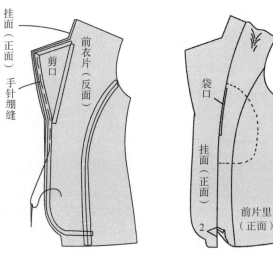

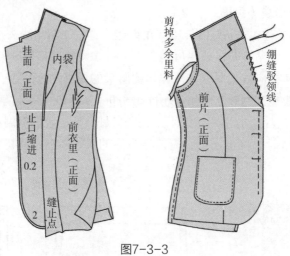

图7-3-3

### 5. 缝合侧缝、做下摆、合肩缝（见图7-3-4）

（1）缝合前、后片侧缝至下摆，缝合时对准前、后片对位点，侧缝分缝熨烫，里布缝合后缝份单向扣烫。

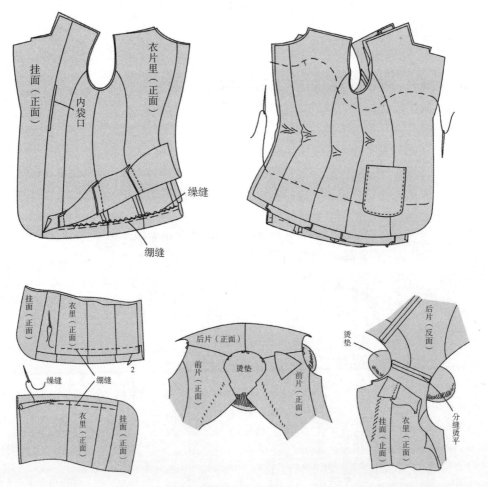

图7-3-4

（2）下摆按折边宽扣烫，里布长度应与衣片底边一致，将下摆衣片与里布正面对齐车缝1 cm。

（3）将前、后片正面相对，前、后分肩线对齐按净缝线绱缝，后分肩线略有吃势，缝合后分缝熨烫，里布缝合后缝份单向扣烫。

提示：在车缝时注意不要拉长肩线。

#### 6. 做领（见图7-3-5）

（1）缝合领底中缝、分缝烫平，归拔领面与领里。

（2）画领样净线，将领子外口缝份修剪成领面0.7 cm，领里0.5 cm。

（3）将领面、领里正面相对，对齐缝份，对准对位标记，净缝线外0.2 cm处绱缝。

（4）在领角位45°单片剪去缝份，扣烫缝份后翻正熨烫领子。

提示：①领面与领里在归拔时要有适当的弧度，造型要符合人体颈部形态。

②领角要左右对称，底领不能外露。

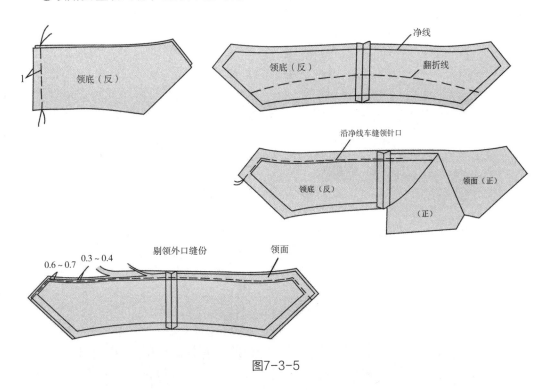

图7-3-5

#### 7. 绱领（见图7-3-6）

（1）将领面与衣里正面相对，对准绱领对位标记，从两端穿口线沿净缝绱缝，分烫缝份。

（2）将领底与衣片正面相对，对准绱领对位标记，从两端穿口线沿净缝绱缝，分领缝份。

（3）在领子拐角处将挂面和衣片打剪口，分别将领口衣片的缝份与领子缝份对齐，沿净缝线车缝，弧位处打剪口，分烫缝份。

（4）衣片与里子领口、领底与后片领口的中点和领两端固定后车缝。

提示：①在车缝领面与领里时要注意底领不外露，缝合时上下定位准确，避免上下长短不一。

　　②领角要左右对称，底领不能外露。

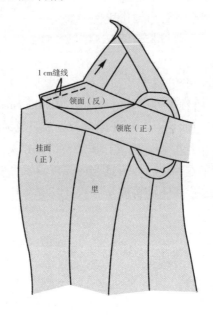

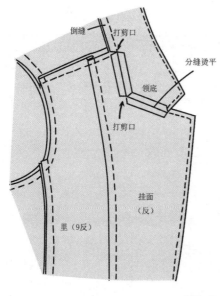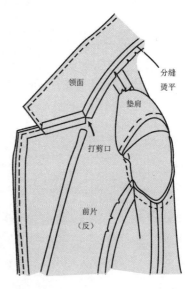

图7-3-6

## 8. 做袖子、袖衩（见图7-3-7）

（1）归拔大袖片，前大、小袖片侧缝线合并分缝整理。

（2）在大袖片衩位处修剪缝份45°并合缝袖口与衩位。

（3）缝合袖片面、里侧缝，袖片面分缝、里缝倒烫等，合缝袖口里布。

（4）缩缝袖山，裁两块45°正斜的面料，长约30 cm、宽2.5 cm，沿袖山缝份0.2 cm处拉紧车缝，缩缝量2～3 cm，视面料厚薄拉紧调整缩缝量。

（5）袖口面布与袖口里布缝合，先把袖口面布套入袖口里布，两袖口对齐毛边，对准面、里两袖缝位，然后沿袖口毛边缉缝。注意前、后袖的里布应与前、后袖的面布相对应。

（6）固定里、面袖，将袖里布覆在袖面布上，对齐袖缝，里布袖口毛边与面布袖口光边对齐，然后把面布、里布两袖缝止口缝合，袖圈底下7～8 cm、袖口边上7～8 cm的位置不固定。

提示：①大袖袖衩面要比小袖袖衩面略大0.1～0.2 cm。

②袖子的归拔造型要符合人体手臂的形态。

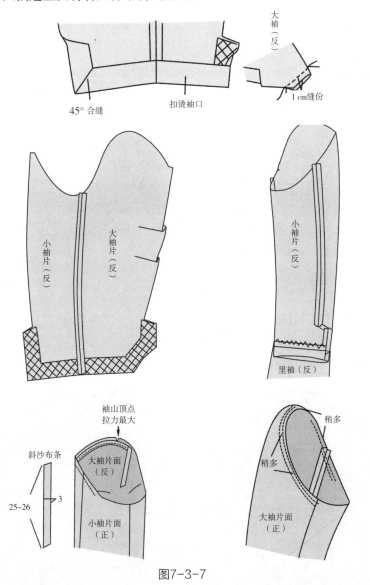

图7-3-7

## 9. 绱袖（见图7-3-8）

（1）确定对袖点，用手针固定假缝上袖，确认袖位正确后再车缝一周。

（2）选择造型合适的垫肩，用倒扣针法将垫肩与袖窝的缝份绷牢，绷线不宜过紧，然后将垫肩与肩缝固定。

（3）缲缝袖窝里子，并在内缝份处大针固定下袖窝。

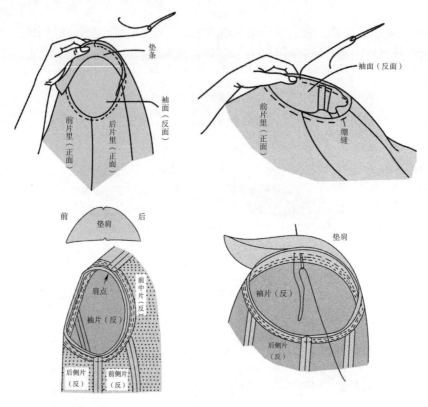

图7-3-8

## 10. 后工序工艺（见图7-3-9）

（1）手针工艺完成驳领线、前襟线位、里袖等。

（2）质检、锁扣眼、钉钮扣并整烫。

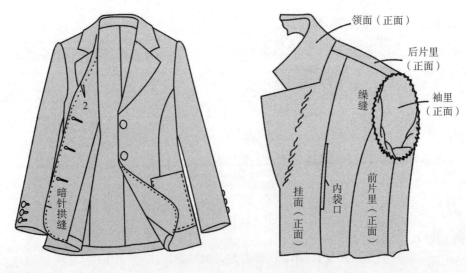

图7-3-9

# 第四节 男西服结构设计与纸样

## 一、款式、面料与规格

西服是男性服装的重要组成部分，是经典的服装款式。它注重外观、内观的整体工艺，服装面料高档，辅料、配料的选材优良，工艺构成较复杂，熨烫和归拔工艺较讲究，服装的零部件较多，构成方法多样。因此，要缝制一件品质优良的西服，裁制样板必须精确，结构造型要具有现代感，还要选择优良的辅料搭配，包括里料、黏合衬等。从归拔熨烫工艺到车缝工艺要相互配合运用，注重主要工艺的构成和缝制技法，这样才能缝制出高档次的西服。

### 1. 款式特点

男西服的基本造型具有外形挺拔、内里柔和的特点。衣身为六片结构，平驳领，单排两粒扣，圆摆。左胸手巾挖袋，前腰下两个双嵌线带盖挖袋，里袋设置两个双嵌线挖袋，前腰做省，袖子为两片西服袖，袖口开衩并缝三至四粒装饰扣。

### 2. 面料

高档西服可选择各种颜色的精纺毛料、毛涤混纺等面料。

休闲西服可选择各种颜色的精纺细布，条纹、格子、化纤及仿毛等面料。

西服是外套中最基本的款式，可根据季节和需求确定面料的厚薄，视设计需求选择布料的材质。

### 3. 用料

面料幅宽144～150 cm，用量180 cm；里料幅宽115 cm，用量200 cm；里料幅宽144 cm，用量180 cm；薄衬：贴边、领面、里领座、后背、下摆、袖口、口袋，幅宽100 cm，用量120 cm。

### 4.规格设计

图7-4-1

### 男西服规格表

单位：cm

| 号型 | 名称 | 后衣长（L） | 胸围（B） | 腰围（W） | 臀围（H） | 肩宽（S） | 袖长（SL） | 袖口（CW） |
|---|---|---|---|---|---|---|---|---|
| 170／88A | 实体尺寸 | 44（背长） | 88 | 74 | 92 | 44 | / | / |
| | 成品尺寸 | 74 | 106 | 92 | 104 | 46 | 58 | 28 |

## 二、男西服结构制图

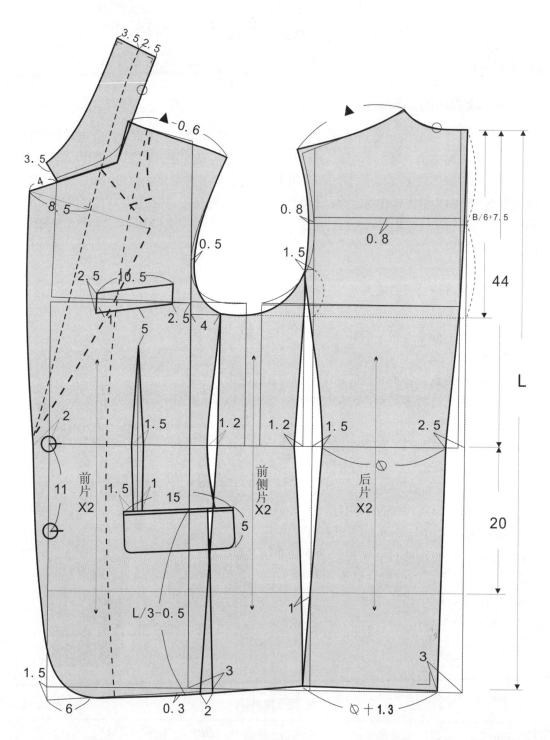

图7-4-2

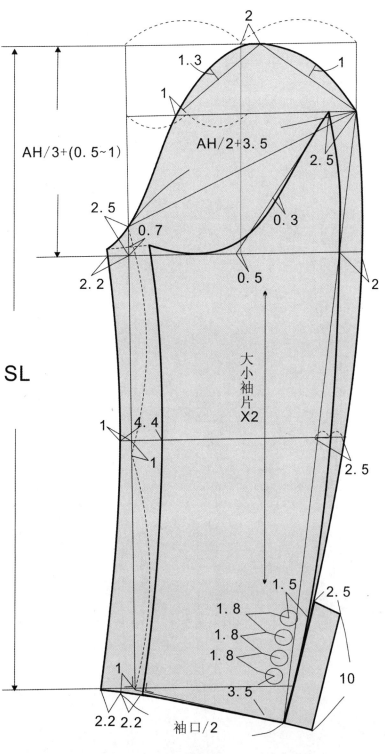

图7-4-2

## 三、男西服排料图

### 1. 面料排料图（见图7-4-3）

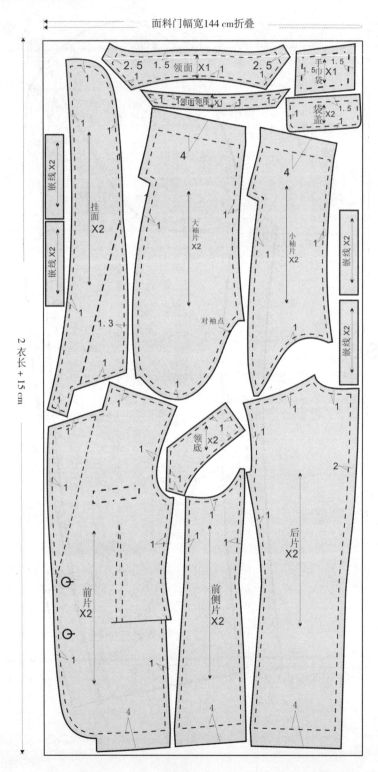

图7-4-3

## 2. 里料排料图

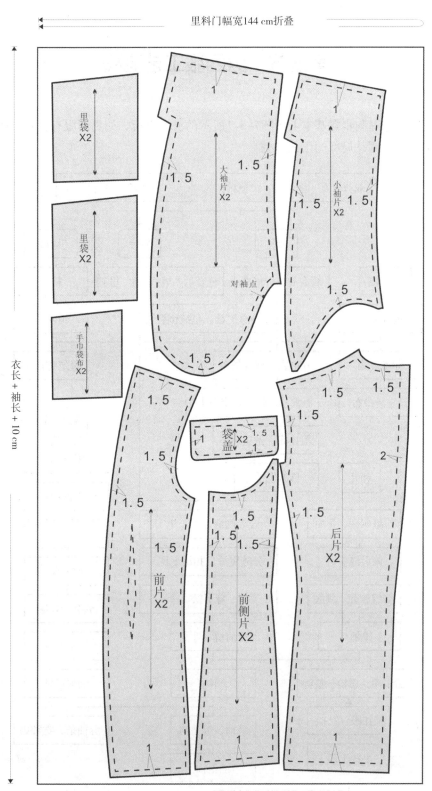

图7-4-4

# 第五节 男西服工艺流程

男西服工艺缝制步骤基本上按图7-5-1所示的流程进行，如男西服有款式上的变化，则根据实际需要调整局部的工艺步骤。

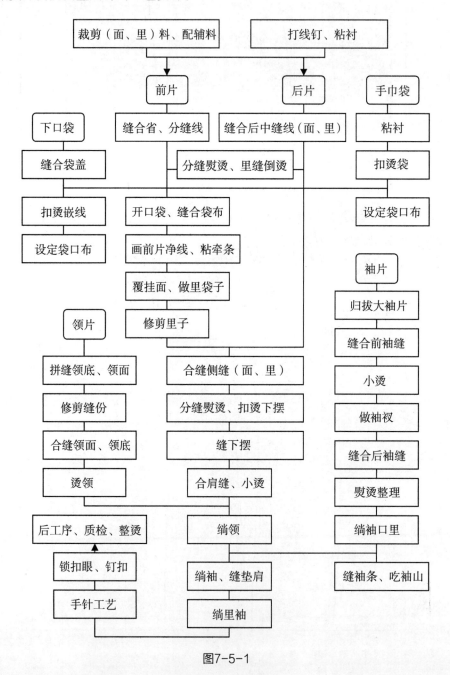

图7-5-1

# 第六节 男西服缝制工艺

## 主要工艺技法与步骤

### 1. 打线钉

（1）前衣片：驳口线、眼位、手巾袋位、大袋位、绱领点、腰节线、折边线。

（2）后衣片：腰节线、折边线。

（3）袖片：袖山中线、偏袖线、袖开衩、折边线。

### 2. 粘衬、缉缝省、分缝线、归拔（面、里）（见图7-6-1）

（1）在前片、袖窿、后片、挂面、领面、袖子等部位粘高质量有纺衬。

（2）缝合前衣片省缝、分缝线，分缝熨烫。

（3）前、后片归拔，扣烫底边（里布缝份一侧倒）。

提示：归拔前、后片时应把握人体凹凸关系，以符合人体的形态。

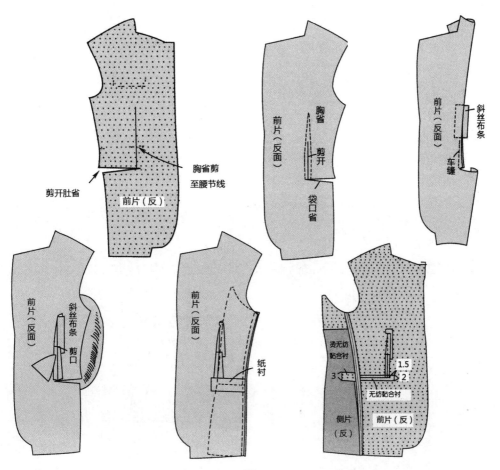

图7-6-1

### 3. 做袋盖（见图7-6-2）

（1）将袋盖里修剪缝份0.2~0.3 cm，沿净样边0.2 cm处缉缝，在两端圆角处略吃进袋盖面，修剪并扣烫缝份。

（2）翻烫袋盖，袋盖凸出0.2 cm，不要倒吐，袋盖熨烫必须放在垫包上，在袋盖缝份处用假缝线固定，使袋盖保持人体的弧线形。

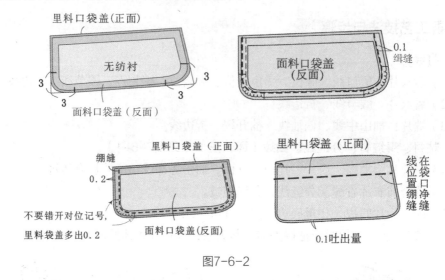

图7-6-2

### 4. 开双嵌线口袋（见图7-6-3）

（1）在开袋口处（衣片反面）粘薄衬，并固定口袋布。

（2）扣烫上下嵌线1.5 cm，设定袋宽1 cm×14 cm长。

提示：袋口比袋盖宽小0.2 cm。

（3）缝上下嵌线，注意回车及袋口缝线要并齐，长度要相等。

（4）沿两道缝线中间将布剪开，袋口两端1 cm剪三角位，将嵌线向内翻并车缝三角位，熨烫整理袋口。

（5）将垫袋布和袋盖合缝在第二片口袋布上。

（6）将袋盖插进袋口，在内车缝固定袋盖与袋口。

（7）缝合袋布一周并修剪多余缝份，手针固定袋布。

提示：固定袋盖时要略带松量，应符合人体的弧线形，使口袋呈立体形态。

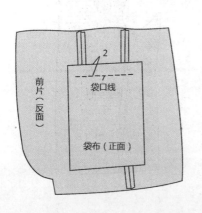
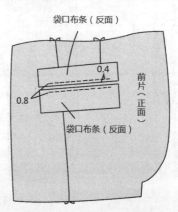

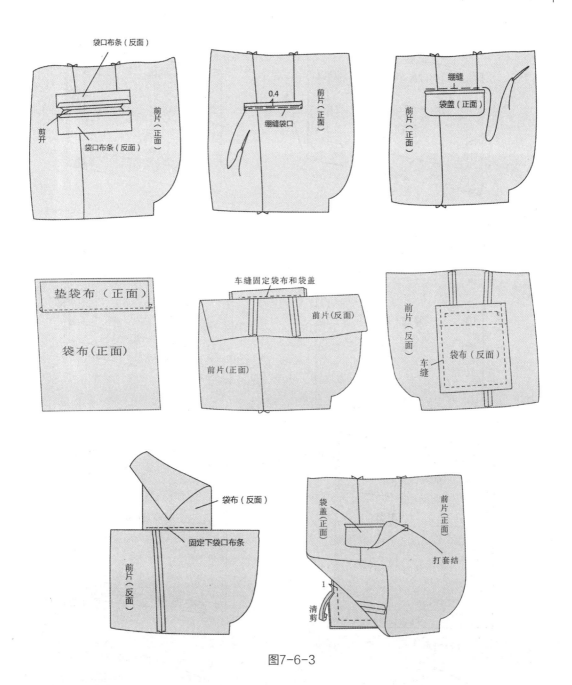

图7-6-3

### 5. 手巾袋制作（见图7-6-4）

（1）在手巾袋袋布中烫粘树脂硬衬（袋型实样），熨烫口袋，然后接袋布。

（2）将手巾袋面设定在袋位处，沿袋型实样边0.1 cm处缉缝，把袋布放在袋位处开1.5 cm缉缝，两端缩进0.5 cm。

（3）沿袋中剪开，剪开三角时不要超过手巾袋边线，将袋布向内翻并缉压明线0.1 cm。

（4）将手巾袋正面铺平，把袋布向内翻，三角插入袋缝内，在袋面两端缉压明线0.1 cm。

（5）沿袋布边0.8 cm处车缝，熨烫手巾袋。

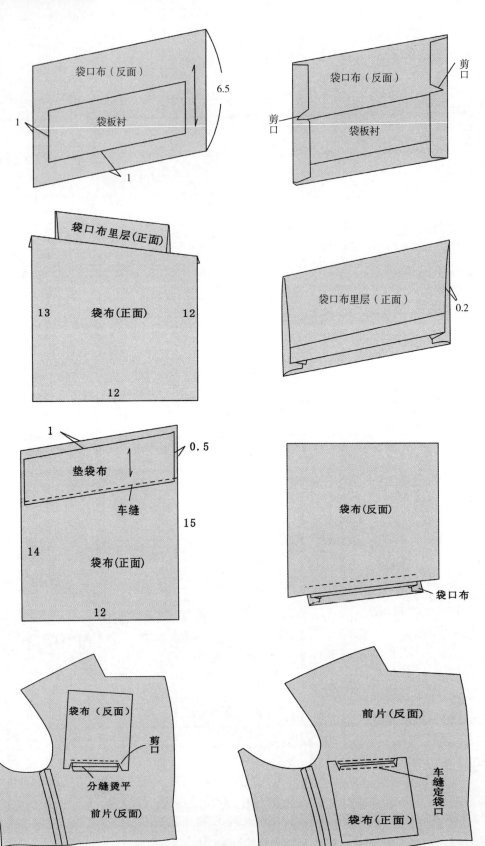

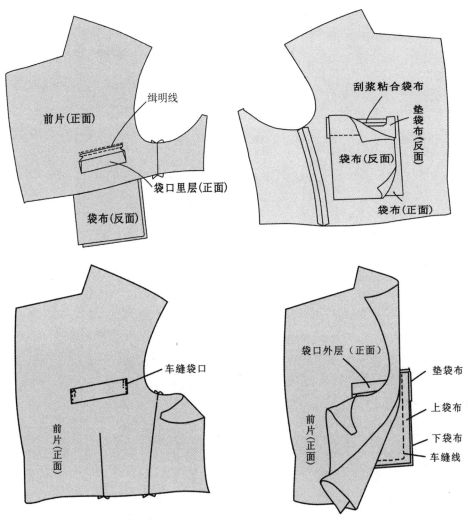

图7-6-4

**6. 粘牵条、覆挂面、绱里子、做里袋、合侧缝、做下摆（见图7-6-5）**

（1）画出前止口线、领口线及驳领线，距前止口线0.2 cm处粘牵条，在驳领线外缩0.5 cm平行粘牵条，牵条要略拉紧。

（2）挂面与里布缝合，缝份单侧倒向扣烫。

（3）扣烫里袋上下嵌线和袋掩，按双线口袋的工艺开里袋，手针固定。

（4）将挂面与前片并齐，从驳领处车缝至下摆，注意挂面领口前片拐角处略吃大身。

（5）修剪和扣烫缝份并翻挂面熨烫（领口拐角处不能倒吐）。

（6）扣烫前大身下摆并修剪里布。

（7）缝合前、后面片、侧缝及肩缝，分缝烫平（里布倒缝烫）。

（8）缝合前、后片侧缝至下摆，缝合时对准前、后片对位点，侧缝分缝熨烫，里布缝合后缝份单向扣烫。

（9）下摆按折边宽扣烫，里布长度应与衣片底边一致，将下摆衣片与里布正面对齐车缝1 cm。

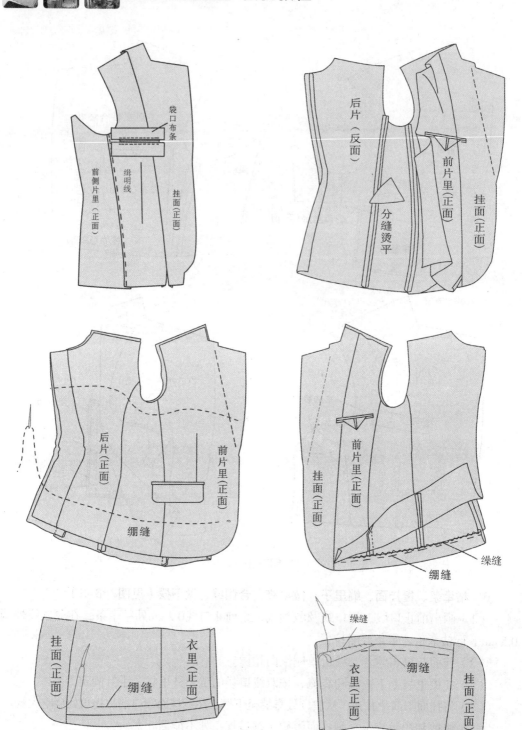

图7-6-5

## 7. 合肩缝（见图7-6-6）

　　将前、后片正面相对，前、后分肩线对齐按净缝线绲缝，后分肩线略有吃势，缝合后分缝熨烫，里布缝合后缝份单向扣烫。

　　提示：在车缝时注意不要拉长肩线。

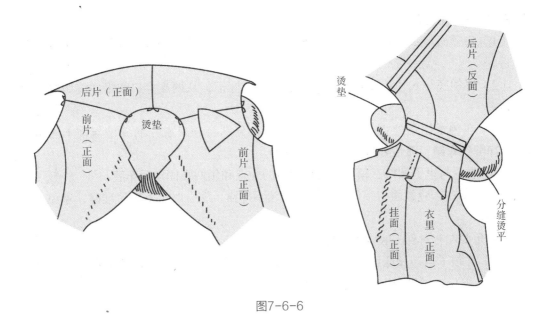

图7-6-6

### 8. 做领（见图7-6-7）

（1）缝合领底中缝、领面折领线，分缝烫平，领面折领线面分缉压0.1 cm明线，归拔领面与领里。

（2）画领样净线，将领子外口缝份修剪成领面0.7 cm，领底0.5 cm（领角位不留缝份）。

（3）将领面、领底正面相对，对齐缝份，对准对位标记，沿领净缝线外0.2 cm处缉缝，弧位缝份剪口后熨烫。

（4）在领面角位处扣烫缝份后翻正熨烫领子。

提示：①领面与领里在归拔时要有适当的弧度，造型要符合人体颈部形态。

②领角要左右对称，底领不能外露。

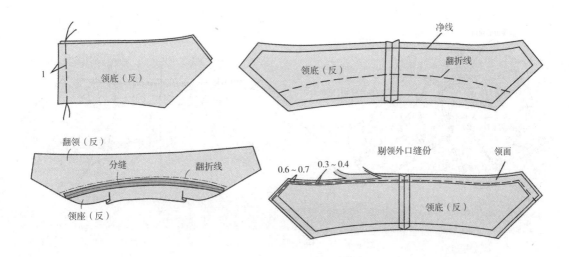

图7-6-7

### 9. 绱领（见图7-6-8）

（1）将领面与衣里正面相对，对准绱领对位标记，从两端穿口线沿净缝缉缝，分烫缝份。

（2）将领底与衣片正面相对，对准绱领对位标记，从两端穿口线沿净缝缉缝，分领缝份。

（3）在领子拐角处将挂面和衣片打剪口，分别将领口衣片的缝份与领子缝份对齐，沿净缝线车缝，弧位处打剪口，分烫缝份。

（4）衣片与里子领口、领底与后片领口的中点和领两端固定后车缝。

提示：①在车缝领面与领里时要注意底领不外露，缝合时上下定位准确，避免上下长短不一。

②领角要左右对称，底领不能外露。

（5）若领子运用领底绒工艺，则领里不需留缝份，在缝合领面两端穿口线后缉缝领口，分烫缝份，领里与衣片领面用Z字线车缝。

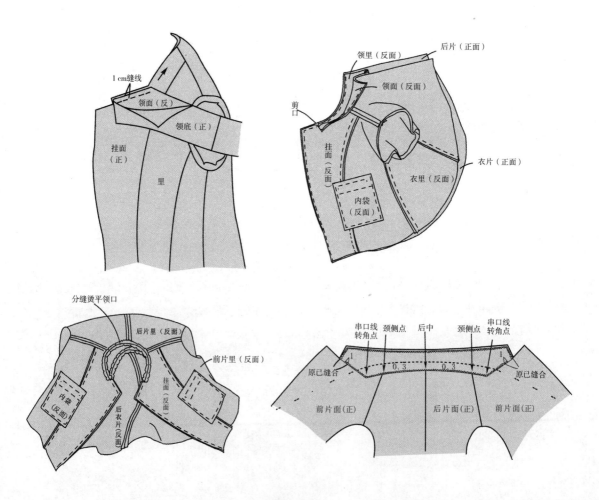

图7-6-8

**10. 做袖子、袖衩（见图7-6-9）**

（1）归拔大袖片，前大、小袖片侧缝线合并分缝整理。

（2）在大袖片衩位处修剪缝份45° 并合缝袖口与衩位。

（3）缝合袖片面、里侧缝，袖片面分缝、里缝倒烫等，合缝袖口里布。

（4）缩缝袖山，裁两块45° 正斜的面料，长约30 cm，宽2.5 cm，沿袖山缝份0.2 cm处拉紧车缝，缩缝量2~3 cm，视面料厚薄拉紧调整缩缝量。

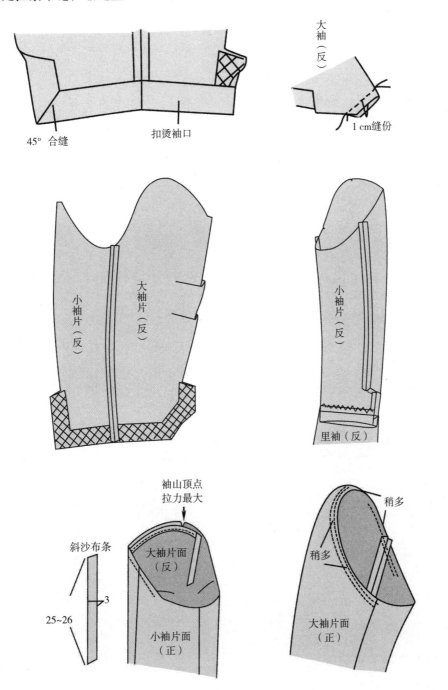

图7-6-9

（5）袖口面布与袖口里布缝合，先把袖口面布套入袖口里布，两袖口对齐毛边，对准面、里两袖缝位，然后沿袖口毛边缉缝。注意前、后袖的里布应与前、后袖的面布相对应。

（6）固定里、面袖，将袖里布覆在袖面布上，对齐袖缝，里布袖口毛边与面布袖口光边对齐，然后把面布、里布两袖缝止口缝合，袖圈底下7～8 cm、袖口边上7～8 cm的位置不固定。

提示：①大袖袖衩面要比小袖袖衩面略大0.1～0.2 cm。

②袖子的归拔造型要符合人体手臂的形态。

**11．绱袖（见图7-6-10）**

（1）确定对袖点用手针固定假缝上袖，确认袖位正确后再车缝一周。

（2）选择造型合适的垫肩，用倒扣针法将垫肩与袖窝的缝份绷牢，绷线不宜过紧，然后将垫肩与肩缝固定。

（3）缲缝袖窝里子，并在内缝份处大针固定下袖窝。

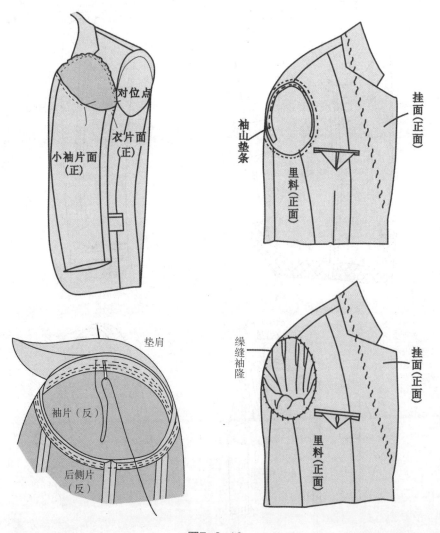

图7-6-10

## 12. 后工序工艺（见图7-6-11）

（1）手针工艺完成驳领线、前襟线位、里袖等。

（2）质检、锁扣眼、钉纽扣并整烫。

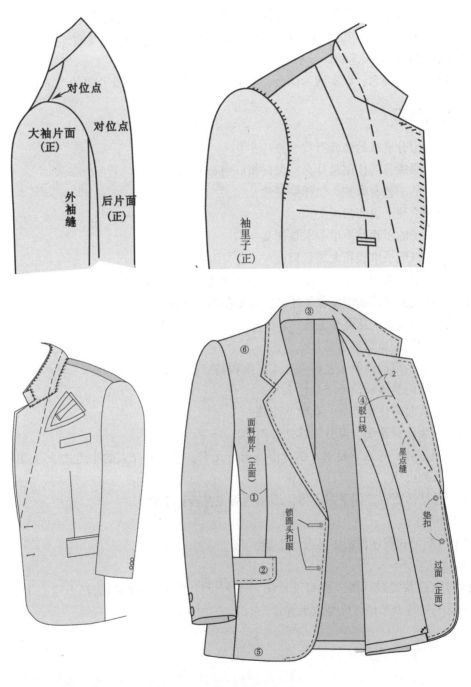

图7-6-11

## 本章小结

1. 学习男女西服工艺的缝制方法，熟悉各部位的缝制技巧。

2. 了解男女西服工艺的主要特点和区别，在实践中体会西服工艺的精髓。

3. 通过西服样衣的缝制，检查西服在结构板型与工艺水平方面的不足，进行修正。

4. 通过对现代工艺设计基础的学习，能够对西服进行有针对性的工艺处理，融入现代工艺，提升西服工艺的设计水平。

5. 以设计为理念，以实践为体会，灵活应用，掌握现代男女西服的工艺技术。

## 思考与练习

1. 女西服分缝线的缝合有什么技巧？

2. 男西服缉省的作用是什么？怎样缉好省，有哪些方法？

3. 领子的工艺有哪些？怎样绱好领？

4. 为什么袖子也要归拔？

5. 做袖子的步骤及质量要求是什么？

6. 怎样裁配手巾袋和大袋盖袋板？

7. 写出手巾袋和大袋的制作步骤。怎样才能做好手巾袋和大袋？

8. 嵌线式里袋的制作步骤是什么？有哪些质量要求？

9. 复挂面时要注意哪些工艺？

10. 缲袖里的质量要求是什么？

11. 男女西服的缝制工艺特点、工艺流程特点是什么？

12. 西服的总体质量要求是什么？

13. 整烫时需注意什么？有哪些步骤？

14. 西装按穿着场合可分为哪几种类型？

15. 根据外套的教学要求，结合市场流行元素，组成3~6人的小组式学习团队，展开外套的系列设计、工艺设计和制作。

16. 总结西服工艺的学习心得，编制西服工艺设计手册。

（1）要求。

以PPT的形式展示西服工艺设计手册。

（2）内容。

内容包括款式设计图、板型设计图、工艺设计特点、面料与辅料小样、工艺流程表、主要工艺特点和最终成型效果等。

# 附录　作业欣赏

## 服装工艺手册

 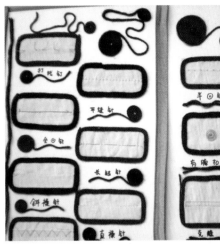

 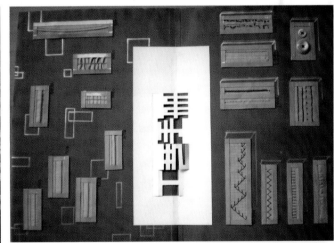

  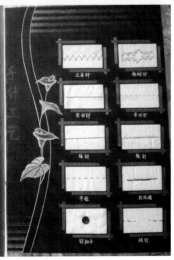

## 裙 装

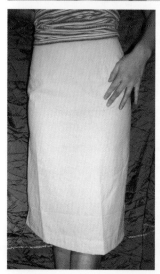

裤 装

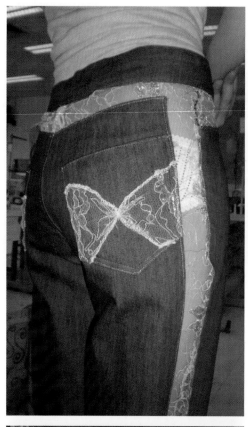
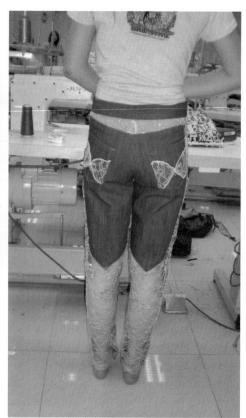
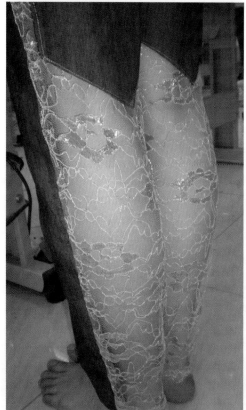
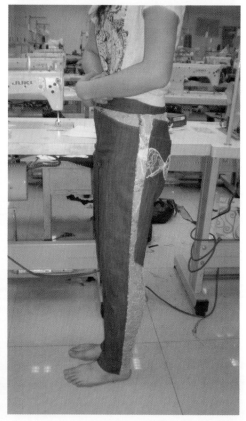

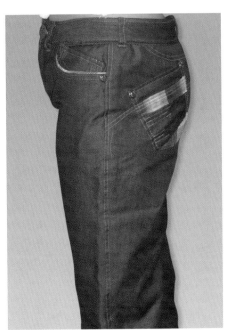

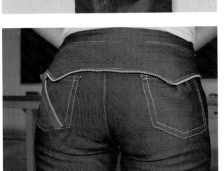
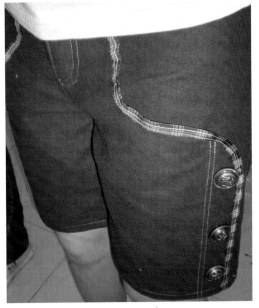
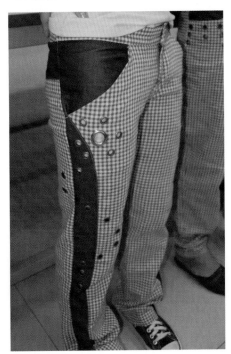

## 衬 衣

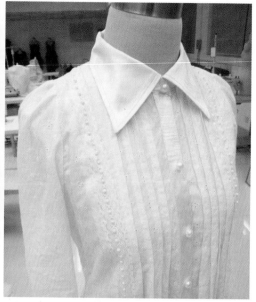

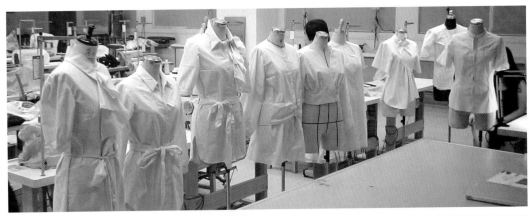

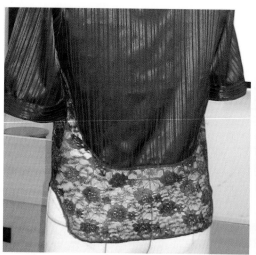

# 旗　袍

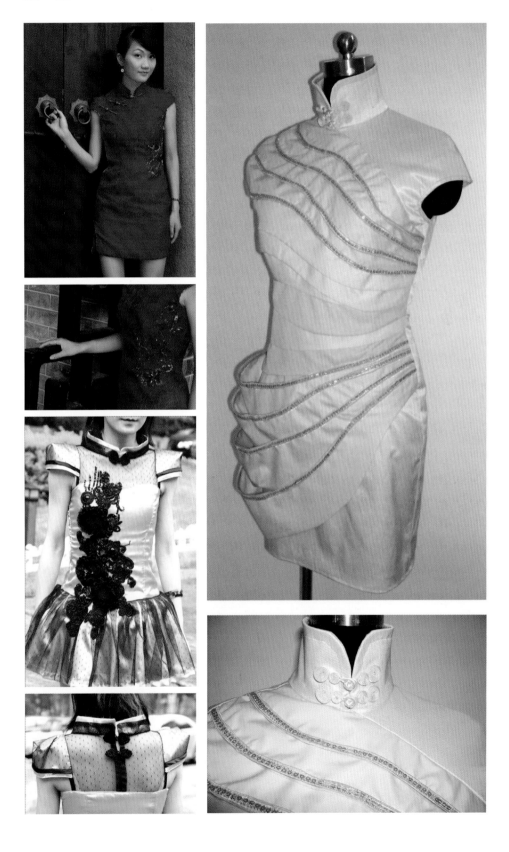

## 外　套

# 参考文献

［1］李洁红.服装设计.广州：岭南美术出版社，2004

［2］中屋典子，三吉满智子.服装造型学（技术篇Ⅰ）.孙兆全，刘美华，金鲜英译.北京：中国纺织出版社，2004

［3］中屋典子，三吉满智子.服装造型学（技术篇Ⅱ）.刘美华，孙兆全译.北京：中国纺织出版社，2004

［4］史林.服装工艺师手册.北京：中国纺织出版社，2001

［5］孙兆全.成衣纸样与服装缝制工艺.北京：中国纺织出版社，2000

［6］赵旭堃，姜峰.服装工艺设计.北京：化学工业出版社，2007

［7］深圳市马可·桑服装设计室.高级时装细节精粹集（上）.深圳：海天出版社，2005

［8］陈明艳.女装结构设计与纸样.上海：东华大学出版社，2010

［9］熊能.世界经典服装设计与纸样5（男装篇）.南昌：江西美术出版社，2007

［10］刘凤霞，张恒.服装工艺学.长春：吉林美术出版社，2010

［11］朱秀丽，鲍卫君.服装制作工艺基础篇（第2版）.北京：中国纺织出版社，2009

［12］吴铭，张小良，陶钧.成衣工艺学.北京：中国纺织出版社，2002

# 后 记

　　服装工艺学是由结构设计与工艺设计两部分组成的，是继款式设计、结构设计之后的再创造过程，是服装设计的最终体现。因此，服装工艺学既是一门基础课程，也是一门重点学科，是高等学院服装专业实践性教学环节的重要组成部分。

　　随着服装业的飞速发展，人们对服装的需求趋于多样化、个性化和时尚性。而现代服装设计与工艺具有风格各异、结构多变和工艺精湛的特点。本书依据服装高等院校教学大纲编写，特点是内容力求抓住重点，重视基础实践，突出工艺设计与创新，在强调工艺缝制的基础上融入现代工艺元素，举一反三，有利于激发学生的创造性思维。

　　为了能在教学中加强基础训练，掌握服装工艺的精髓，培养学生扎实的工艺设计能力，提高服装的整体设计水平，编者在多年的教学中，总结出服装工艺教学的心得，在每一章节的编写中突出重点与难点，强调能力设计基础，在每章后编写了思考与练习题，在附录中有优秀学生设计作品作为教学的学习范例。其目的是让学生在短时间的学习中，从浅到深逐步掌握各式服装的工艺制作技能，迅速提高服装工艺的综合设计水平，以期日后在服装工艺行业中有所创新和发展。

　　本书在服装专业教学的基础上完成，为服装工艺教学编写，可作为服装工艺设计的教科书。由于编写时间仓促，书中错漏之处在所难免，敬请各位专家、同行和读者不吝赐教。

陈贤昌　钟彩红

2011年8月于广州